見ろ、雑学が飛んでいるぞ！

まずは『飛行機って面白い!?　航空トリビア読本　～日本陸海軍機編～』を手に取っていただき、ありがとうございます。この本は、模型誌の『隔月刊スケールアヴィエーション』、通称〈スケビ〉のコンテンツから飛び出てきた飛行機雑学本です。

軍事や歴史のモノ書きをはじめて20年ほどになる筆者は、古今東西、あらゆる戦いや兵器、軍人などなどを題材に、数え切れないほどの仕事をしてきました。そんな中でもいちばんボリュームが大きいのは第二次世界大戦のアレコレで、さらに子細に見ると、日本が連合国と戦った太平洋戦争にまつわる出来事が多くなります。そして太平洋戦争とはすなわち航空機の戦争。大海原が激戦の舞台なのに、どの戦場を採りあげても、主役はほとんど航空機ばかり。大艦隊同士が激突しても、緒戦の航空戦の勝者がそのまま海戦に勝利するのが当然の流れだし、陸軍の戦いでも、上空を飛んでいる友軍機の優劣が、ほとんどの場合はそのまま勝敗に直結してしまいます。第二次世界大戦自体が「航空機の戦争」であったし、その飛行機で戦争に勝利しただけでなく、戦後世界のリーダーとなったアメリカは「空の帝国」なんて呼ばれたりします。それほど、航空機の存在感が大きかった。だけど、これはすごく不思議な話です。

ライト兄弟のフライヤー号に始まる動力付き飛行機の歴史はせいぜい１２０年。第二次大戦なんて誕生から半世紀も経っていないのに、なんでこんなに決定的な兵器になってしまったんだろう。

いや、驚きはそれだけではありません。戦後75年が経過する間に、動力はジェットに変わり、機体の素材も超軽量金属や炭素素材に進化しました。もしライト兄弟がF-35戦闘機を見ても、それがフライヤー号の子孫だとは信じないかも知れません。なぜこんなに短時間に飛行機は進化したのか。それはこの機械に人類の叡智と努力が全力で傾けられたからです。そんな情熱を反映して、いまも世界各地で目を輝かせながら空飛ぶ翼を眺めている飛行機ファンが星の数ほど存在します。

〈スケビ〉は、そんな航空機ファンのなかでも、模型への感度が高い読者向けに作られた雑誌です。とくに名前に使われている「スケール」とは、縮尺／縮小の意味で、実機を正確な比率で小型化した模型を意味します。雑誌を見れば、モデラーが競い合って作る、美しくて、カッコイイ飛行機に息を呑んでしまうはず。そんな雑誌の中で、筆者は作例の実機解説や、欄外コラムを書かせていただいています。模型っていうモノは情報の塊で、いくら本を読んでも言葉だけでは掴めなかったギミックも、模型として見るとすんなり理解できてしまうなんてことはしょっちゅう。「百聞は一見にしかず」はまさにその通りで、百冊の読書も、一つの模型を完成させる経験と労力には及ばないかも知れません。

だけど、飛行機は外側だけでは飛びません。たしかに飛行機が空を飛ぶのは物理の力ですが、飛ばそうと考えた人々がいなければ、その飛行機は生み出されません。飛行機は人々の願いの結晶です。その願いと、時代の向きが一致したとき、そこに初めて名機が生まれます。そして考え方や方法が間違えていると、そこに残念な航空機が生まれることもままあります。〈スケビ〉の欄外コラムは、そんな飛行機に注がれた人々の情熱のかけらを拾い集めて書かれたものです。

「模型だけでは分からない飛行機の面白さや魅力」を書いて欲しいというのが、〈スケビ〉編集長の石塚さんから私への最初のオーダーでした。当時、手元の〈スケビ〉を見返した私は、「作例が素晴らしすぎるからこそかき消されてしまう、飛行機やその開発、運用に係わった人々の小さな声を拾い集めること」を最優先にして、欄外コラムを書き続けました。その期間も10年近くになり、おそらく数で言えば３０００個くらいは書いています。およそあらゆる作例について、実機や史実にまつわる雑学を書きまくりました。

今回、この『飛行機って面白い!?　航空トリビア読本　～日本陸海軍機編～』に収録されたのは、そんな雑学の山の中から、太平洋戦争を中心に使われた日本陸海軍機に関する雑学を集め、再編成したものです。模型だけではなく、飛行機の楽しみ方の一つとして、まずは気軽に読んでもらえたなら。それが筆者の願いです。

宮永拝

CONTENTS

三菱一〇式艦上戦闘機

世界初の艦上戦闘機開発の栄誉は日本にある。日本海軍では空母『鳳翔』の就役に合わせて、艦上機も図面から開発する事を決め、ハーバート・スミス技師のチームを招いたのである。他国が既存の陸上機の改修で間に合わせていたのに対し、一歩踏み込んだ英断であった。1921年に三菱内燃機名古屋工場で完成した機体は、一〇式艦上戦闘機と名付けられた。『鳳翔』を使って空母発着艦用のノウハウや各種装置の開発が手探りされる一方で、一〇式艦戦は各種合計128機が製造され、黎明期の海軍航空隊においてパイロットの練度向上に貢献した。

青い眼をした中国機パイロット

一〇式艦戦の後継となった三式艦上戦闘機は、日本陸海軍を通して初の撃墜を中国大陸で記録した。しかし相手は中国人パイロットではなかった。上海事変に呼応して、当時アメリカはF4B複葉艦上戦闘機を中国に持ち込んでおり、中華民国機を示す青天白日が描かれた同機にはアメリカ人パイロットが乗り込んでいたのである。6機の

【ハーバート・スミス技師】 1889年生まれのイギリス人航空技術者。ソッピースを退社後、三菱内燃機製造会社で一三式艦上攻撃機の設計などを担当した。

【一〇式艦上戦闘機】 一〇式艦戦はもともと「十年式艦上戦闘機」という名前であった。これは1921（大正10）年に開発されたことに由来するものである。

【海軍航空隊】 日本海軍の航空隊は1916年に定められた「海軍航空隊令」にのっとって、海軍航空揺籃の地である追浜に横須賀海軍航空隊が設置されたのが第1号である。

【三式艦上戦闘機】 グロスター・ゲームコック戦闘機を中島飛行機がアレンジした機体で、三式は1928（昭和3）年開発を意味する。

敵機に対して、クンダイ飛行場を出撃した加賀飛行隊の三式二号艦戦3機は終始優位に戦い、青い眼のパイロットが乗るF4Bを叩き落としたのであった。

三菱の一〇式トリオ

ハーバート・スミス技師は、同時期に艦上偵察機と艦上雷撃機も開発している。一〇式艦上偵察機は、一〇式艦戦を一回り大きくした機体で、エンジンも同じだから大差はない。一〇式艦上雷撃機は魚雷を積載するための揚力を確保するために海軍唯一の三葉機となったが、背が高すぎて『鳳翔』の格納庫に納まらず、20機の生産に留まった。これら一〇式トリオはすべて三菱で生産され、同社の航空機開発部門の飛躍に大きな力となった。

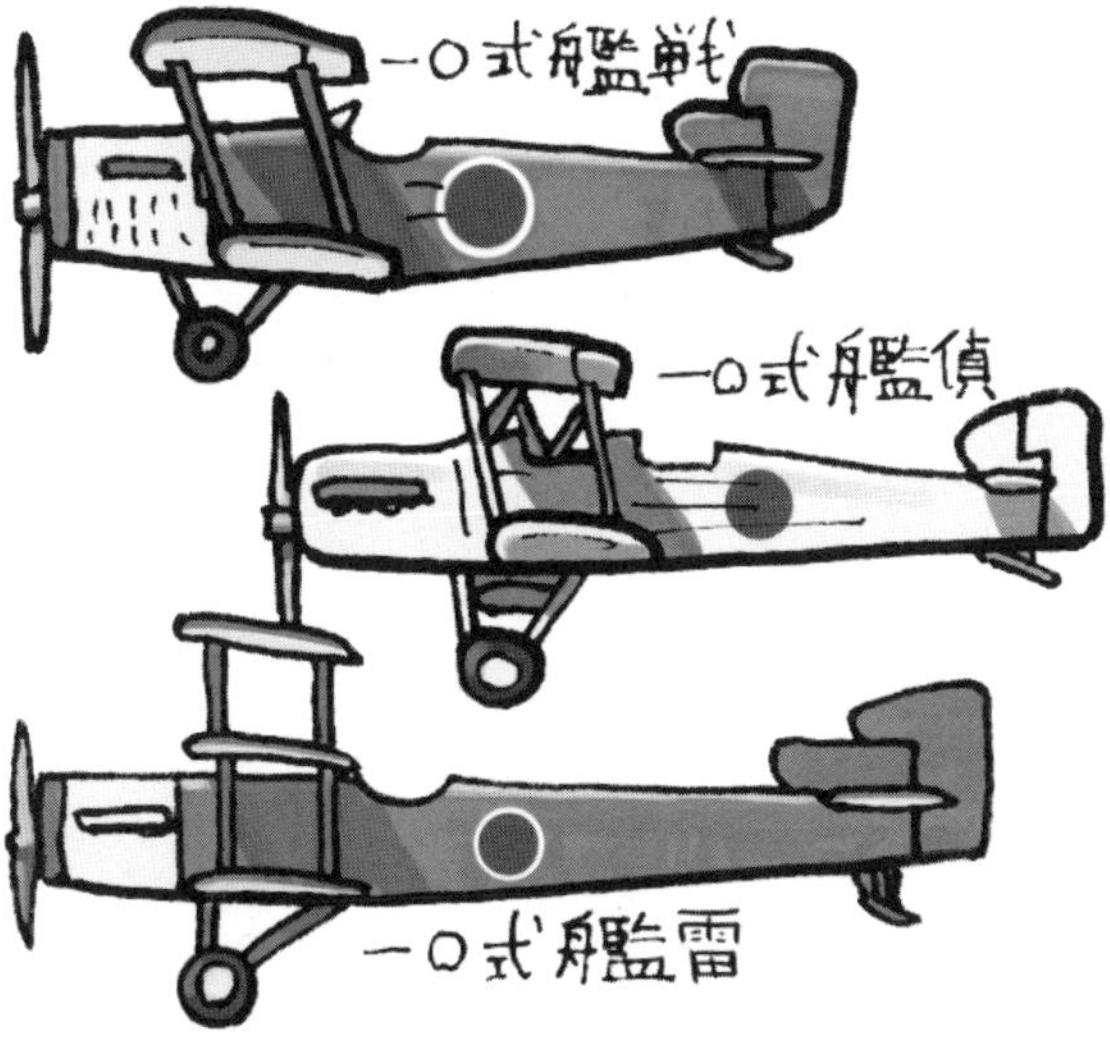

【F4B複葉艦上戦闘機】

ボーイング社製の艦上戦闘機。アメリカ陸軍航空隊所属の陸上機型はP-12と呼ばれ、1941年まで運用された。

F4B

洋上から飛翔せよ

海軍と航空機と言えば、切っても切れないのが空母の話。ただ、最初から水上艦艇を完全な滑走路に仕立てあげて運用するという発想は世界のどの海軍も描けず、まずはとにかく発艦させることから始まった。最初に挑んだのは航空発祥国のアメリカ。1910年12月、巡洋艦『バーミンガム』の艦首に設置した長さ約25m、幅7mほどのプラットホームから、カーチス式複葉機モデルDが発艦に成功したのだ。パイロットはユージン・イーリーという名の民間人だ。彼は翌年（というより翌月）、今度は停泊中の装甲巡洋艦『ペンシルベニア』の後甲板に儲けた長さ36mほどのプラットホームへの着艦にも成功している。

フューリアスは恐ろしい

車輪つき航空機による航行中の艦艇への着艦。この難事業に最初に挑んだのはイギリス海軍であった。第一次世界大戦末期、用途が宙に浮いていた大型軽巡『フューリアス』の空母化が決まると、まず司令塔から前方部分が格納庫と発艦甲板に改装され

【バーミンガム】 アメリカ海軍のチェスター級軽巡洋艦の2番艦として1908年就役。第一次世界大戦中は大西洋上において船団護衛の任に就いた。

【カーチス式複葉機モデルD】 1911年に初飛行を果たしたカーチス社製の複葉機。世界で初めて量産された航空機のひとつともされる。愛称は「プッシャー」。

【フューリアス】 18インチ単装砲塔を2基備える特殊な巡洋艦（ハッシュ・ハッシュ・クルーザー）として起工したが、のちに空母に改造。第二次世界大戦において実戦も経験した。

た。この甲板は前方に向かってやや傾斜しつつ長さが50mほどあり、航行中に着艦可能かどうか検証することになった。飛行機は高速航行中の『フューリアス』に後方から並行して接近し、司令塔の前に出たら機体を横滑りさせて発艦甲板に着地するという、曲芸飛行まがいの着艦に挑むのだ。飛行隊長のダニング少佐は、一度は成功させるも直後に墜落して殉職してしまう。もちろん実用性ゼロであるため、以後この方法は議論もされなかった。

まずはモノマネから始めた日本海軍

翻ってわが日本海軍初の航空機搭載艦『若宮』は、もともと日露戦争中に捕獲、接

【若宮】 前身のイギリス貨物船『レシントン』は日露戦争中の1905年1月、香港からロシアのウラジオストクに向い、対馬海峡で日本に拿捕された(当時のイギリスは日本の同盟国であったが、敵国ロシアへの物資輸送は敵対行為とみなされたから)。いったん『沖ノ島丸』と命名され、同年9月1日『若宮丸』と改名された(名前に「丸」が着くのは戦闘艦艇ではない証)。以後、日本海軍の輸送船の分類のまま航空機搭載艦として行動し、後述するように1915年に二等海防艦として軍艦籍に編入、『若宮』と改名された。

収したイギリスの貨物船『レシントン』だ。海軍ではこの船を軍艦建造資材の運搬船として使用していたが、欧米で航空機搭載艦の実験が進んでいた動向を見て、1913年にモーリス・ファルマン式小型水上機3機を格納、運用できるように改造した。とは言ってもその実態は、艦首と艦尾に完成機を置いてその周囲にキャンバス地のカバーを作っただけ。追加装備としてデリックと航空機用燃料タンクを据えただけであった。英仏の模倣というにもちょっと急造に過ぎたが、艦からの揚収や偵察飛行などの訓練を繰り返して技術と経験を蓄積したのであった。

青島の敵陣地を叩け！

あくまで急造改装艦であったはずの『若宮』だが、試験運用の評価が予想以上に高かったため、そのまま水上機母艦として残された。そして第一次世界大戦が勃発し、日本が1914年8月23日にドイツに宣戦布告すると『若宮』は即座に横須賀を出撃。9月5日には青島《チンタオ》に搭載機が飛んで、港内を偵察後、無事に帰投した。これは欧州戦線におけるイギリスのクックスハーフェン襲撃よりも3ヶ月以上早い実戦参加であり、結果として日本は航空母艦を実戦運用した世界初の海軍ということになる。ただし青

【モーリス・ファルマン式小型水上機】 日本海軍が導入した、第一次世界大戦前に設計されたフランスの偵察・爆撃機「MF.7」の水上機型。

【デリック】 物を上げ下ろしするクレーンの一種で、動力となるウインチ部分が一体化されていない形状のものをとくに指す。艦船ではよく見る一般的な装備。

【水上機母艦】 フロート付きの水上機を搭載する水上機母艦は、飛行甲板での離発着が可能な航空母艦が登場する以前から存在しており、航空母艦が一般化してからも重宝された。飛行場がない場所であっても砂浜さえあれば活動することが可能なためで、水上機母艦はその沖合に停泊し、補給基地として活用された。

島攻略時点では『若宮』は運送船に分類されており、軍艦に類別されたのは翌年のことであった。

記録尽くしの若宮

第一次世界大戦における日本の参戦は、長い目でみれば日本の大陸進出欲を加速させて戦争につながる道を作ってしまうので、否定的見方をせざるを得ない。しかし躊躇なく『若宮』を青島攻略戦に投入した海軍の決断は軍事的観点からは正解であった。二ヶ月の間に『若宮』のモ式イ号水上機は49回出撃し、総飛行時間は71時間、偵察だけでなく２００発近い爆弾を投下している。『若宮』自身は触雷したため戦列を離れたが、搭載機は陸上基地に進出し

【クックスハーフェン襲撃】 １９１４年のクリスマスに、イギリス海軍がクックスハーフェンに在泊中のドイツ帝国海軍に対して行なった奇襲。敵地近くまで接近した水上機母艦搭載の、７機のショート水上機が攻撃に参加した。

【モ式イ号水上機】 モーリス・ファルマン式小型水上機の別称。

【青島攻略戦】 第一次世界大戦中の１９１４年、東アジアの植民地拠点であった青島を防衛するドイツ帝国軍と、それを攻略する日本・イギリス連合軍の間で起きた戦闘。

作戦を継続した。ちなみに、帝国海軍で水上機母艦という艦種が艦種類別等級という公式分類に登場するのは、『若宮』の除籍後の１９３４年のこと。逆に航空母艦は１９２０年に艦種制定されているため、制度上は『若宮』が日本初の航空母艦ということになる。

滑走台からカタパルトに

日本海軍で最初に艦船に設置した滑走台から航空機の発艦に成功したのも『若宮』で、１９２０年にこの挑戦が車輪式降着装置を持つ陸上機を使って行なわれた。翌年にはイギリスの成功例に倣い、軽巡洋艦『木曾』や、戦艦『山城』の二番砲塔に架設した滑走台からソッピース・パップの発艦にも成功している。だが、進歩が著しい＝重量とサイズが大型化する航空機を滑走台で飛ばすには限界があり、何らかの加速装置が必要とされた。これが航空機発艦用カタパルトである。欧米、特にアメリカでカタパルトが著しく進歩したが、日本では１９２５年にドイツのハインケル社から「飛揚装置」としてハインケル式軍艦用水上機と同時に購入、戦艦『長門』の二番砲塔に設置して発艦試験を成功させた。

【木曾】 球磨型軽巡洋艦の5番艦。同型艦の中で唯一、艦橋に飛行機格納庫を有する構造を持って完成したため、長良型のようなシルエットを持つ。

【山城】 扶桑型戦艦の2番艦で、1番艦の扶桑と合わせて竣工当時は世界最大の戦艦であった。スリガオ海峡海戦においてアメリカ海軍艦隊による集中砲火を受け撃沈。

【ソッピース・パップ】 ソッピース社の単座戦闘機。「ソ式三型」の名で日本陸海軍にも導入され、その素直な飛行特性を生かした練習機としても重宝された。

【長門】 長門型戦艦の1番艦。日本海軍の象徴として国民から長く親しまれており、終戦時に航行可能な状態で残った唯一の戦艦である。

呉式射出装置の開発と限界

ハインケル式飛揚装置は重巡『古鷹』と『加古』にも装備されたが、間もなく呉海軍工廠で国産カタパルトの開発に着手。スプリングを使った萱場式艦発促進装置も試みられたが、1928年には圧搾空気式の試製呉式一号射出機一型が雛形として完成した。以降、空気式は潜水艦搭載用として開発が続くが、研究は火薬式に移行し、呉式二号系統に移っていく。開戦時には約4tの射出能力を持つ呉式二号五型が各種の主力艦に搭載されて水偵の射出に用いられていた。しかしライバルの英米では連続射出ができる油圧式カタパルトの実用化まで進み、空母艦載機の能力向上にも対応可能となっていた。この技術格差は大戦後半にかけて拡大する一方となった。

発艦より難しい着艦に挑む

艦船での航空機運用の研究が進むと、いくつかの課題が明確になってきた。どんな作戦でも航空機は集中投入しなければ戦力にならない。しかし水上機母艦の場合、発進はとにかく、着水した機体の回収に時間がかかるため、作戦機としての水上機には

戦艦『長門』

戦艦『山城』

軽巡洋艦『木曾』

限界が見えてきた。この点、車輪がある陸上機の方が優れているのだが、問題は艦船への着艦である。滑走台の検証で発艦については目処がついているが、着艦は未知の技術である。特に制約のあるスペースにいかにして着艦した飛行機を安全に制動、拘束するかという課題の克服には、艦船、航空機双方に抜本的な新発明が必要であり、各国の技術者、用兵担当者を大いに悩ませる問題となった。

世界初の正規空母『鳳翔』

飛行機トリビアの本なのに船とかカタパルトの話ばかりしているけど、海軍の航空機を船から切り離すわけにはいかないので、まだしばし続けます。で、いよいよ日本初、そして世界初の正規空母『鳳翔』の話。と言っても、実はこの船、建造当初は運送船用途の第七号特務船であり、艦名も『竜飛《たっぴ》』となる予定であった。日本初の正規空母は、かの有名な八八艦隊計画において1万2500t級空母として計画されていたもので、艦名は『翔鶴』になる予定だったとのこと。のちに八八艦隊案は廃案になったため翔鶴型も取消。第七号特務船が航空母艦に格上げされて正式な軍艦となり、名前も『鳳翔』に改められたというわけです。

【特務船】 日本海軍の艦艇は「艦種類別等級」により分類されていた。これは大きく「艦艇」「特務艦艇」「雑役船」の3つに分けられ、「艦艇」は戦闘用。「特務船」という名称は従来慣例的に「艦艇」以外のものを指していた用語であった。

【竜飛】 偶然にも航空母艦っぽい名前だが、これは青森県津軽半島の竜飛岬に由来する艦名。特務艦の艦名は岬の名前が付けられるのが決まりであったため。

【八八艦隊計画】 1920年に日本海軍が策定した艦隊整備計画で、艦齢8年未満の戦艦8隻、巡洋戦艦8隻による主力艦隊を基幹にしていたことがその名の由来。ワシントン海軍軍縮条約の締結により夢と消えた。

イギリス人に持っていかれる

イギリス海軍が『ハーミーズ』建造にモタモタしている間、一気呵成に『鳳翔』の建造を進め、1922年暮れに世界初の正規空母として就役させたわけだけど、当初の搭載機は一〇式艦戦6機と、一三式艦攻9機の計15機体制であった。ところが完成してみても日本人パイロットには肝心の着艦経験者がおらず、これでは空母としての実績にならない。そこで賞金1万5000円（現在の1000万円以上の価値）で挑戦者を募ったところ、翌年2月22日に三菱お抱えのイギリス人テストパイロット、ウィリアム・ジョルダンが一〇式艦戦で着艦に成功してしまう。その三週間後には吉良俊一大尉が同じ機体で着艦に成功したものの、当時の世相を思うに、外国人に先を越されてさぞや悔しかったはず。

【一三式艦上攻撃機】日本海軍が十年式艦上雷撃機の次に開発した機体で、複座となり、洋上作戦能力も向上、初の実用的な艦上攻撃機となった。一三式は大正13年開発に由来する。

【吉良俊一】海兵40期出身。1922年11月10日から「鳳翔航空長兼分隊長」という職にあった。太平洋戦争中は横須賀海軍航空隊司令官、第3航空艦隊司令長官などを歴任。終戦時、海軍中将。

いかにも日本な三段式空母

ワシントン海軍軍縮条約の締結で八八艦隊案が破棄された結果、『赤城』と『加賀』の2隻が（巡洋）戦艦から空母に改造されることになったのは有名な話。当初はどちらも三段式甲板の姿であったが、これも実は独自発想ではなく、イギリスが『フューリアス』を第二次改装で多段甲板式にしたのを模倣したもの。あちらは二段で、『赤城』『加賀』は三段式という違いはあるものの、1万t級の『鳳翔』の建造経験しかない日本海軍は、イギリスの一挙手一投足に注目していたのが真相であった。後追い貧乏国としては新技術に挑戦して失敗するリスクは誰も取れず、「あのイギリスがそうしている」を言い訳に、おっかなびっくり進めるしかなかったのだろう。

【ワシントン海軍軍縮条約】 1921年に締結された条約で、日本を含む第一次世界大戦戦勝国5カ国の戦艦や空母の保有制限が取り決められた。建造途中の『天城』と『赤城』は空母として建造、『摂津』は標的艦に、『比叡』が練習戦艦となることで延命、その他旧式戦艦は廃艦となった。

【赤城】 天城型巡洋戦艦の2番艦。のちに空母へと改造。ミッドウェー海戦で被弾し自力航行不能におちいり、味方による雷撃によって自沈処分された。

【加賀】 八八艦隊計画において加賀型戦艦として起工。ワシントン海軍軍縮条約を受けて廃艦になるはずが、急遽空母へと改造されることに。真珠湾攻撃や南方作戦に携わった後、ミッドウェー海戦で敵急降下爆撃隊による攻撃を受け沈没。

試行錯誤を笑うものでない

哲学や確固としたドクトリンが無いままの模倣は、あまり良い結果を生まない。原型が為したことの必然が消化しきれないからだ。実際、『赤城』と『加賀』の場合『フューリアス』を上回る三段甲板にしてはみたものの、中甲板の前端部は艦橋で塞がれていた上、2基の20㎝連装砲が配置された結果、飛行甲板として使用できなくなった。大型機の発艦用とされた下甲板も、ほとんど格納庫状態であったと言われる。だが早い段階でこれら3万t級空母を運用したノウハウのおかげで、日本海軍は強力な機動部隊を育てることができた。これは現在、絶賛軍事力を増強、近代化を促進中の中国にも当てはまる。スクラップ再生空母の『遼寧』を笑うのは簡単だが、ゴールが見えている状態での模倣によるノウハウの蓄積はあなどれないからだ。

艦船マニアは煙突を見る

実験作の色合いが強い『鳳翔』の建造と運用経験しかない日本海軍が、いきなり戦艦サイズの空母、『赤城』と『加賀』を保有することになった結果、設計で苦しんだ

【機動部隊】 戦記物などで空母機動部隊という表記を見るが、その名の通り航空母艦を中核とした艦隊。日本海軍は世界にさきがけて空母の集中運用を行なった（アメリカは太平洋戦争中盤まで空母１隻ずつに護衛の艦艇をつける形式）。「機動部隊」は軍隊区分／兵力部署で定められた正式な呼称。

【遼寧】 元はソビエト連邦時代にウクライナで建造に着手されたアドミラル・クズネツォフ級航空母艦『ワリヤーグ』で、ソ連が崩壊した際には未完成で放置されていた。１９９８年に中華人民共和国の民間会社がスクラップとして購入。中国本国に回航されて工事が実施され、２０１２年９月に中国海軍に引き渡されたのが『遼寧』。

のが煙突配置。どの大型艦も煙突は艦の中央付近にある。艦底部のど真ん中にボイラーがあるのだから当然のことなんだけど、空母設計上は甚だ都合が悪い。飛行甲板に煙突を立てるわけにはいかないし、艦尾方向に伸ばそうとすると艦内にぶっとい導煙路を貫通させることになり、貴重な容積が失われる。なにより導煙路周辺が蒸し焼きにされるほど熱を発するので、水兵たちの居住空間がなくなってしまうのだ。

実際、『赤城』とは従兄弟くらいの関係になる空母『加賀』の場合、煙突を艦尾に誘導するため長大な導煙路を格納庫の外側にむき出し配置にしたのだけれど、それでも熱問題は発生したし、なにより艦尾から吹き上がる排煙が着艦の邪魔であった。そこで煙突を艦の側面に突き出して飛行甲板にかぶらないようにしたら、これも風向き次第でムラがでたし、万全な解決策ではなかった。このように空母の変化を見るとき、煙突は大きなポイントだ。ちなみに三段甲板時代の『赤城』、猛烈な黒煙を吐いている写真があるけど、あれは通常航行時に石炭を使っていたから。発着艦時は重油専焼のボイラーを使用した。

航空母艦『加賀』

航空母艦『赤城』

知ってると得する飛行機トリビア

1

ちょこっと小話

金がないならレールを使え

航空機がはじめて兵器として使われた第一次世界大戦。やがて機銃を搭載した戦闘機が登場するわけだけど、空中戦の訓練となるとノウハウもなければ機材もない。そこでヨーロッパ各国では地上での射撃訓練に知恵を絞った。中でもユニークなのが、訓練場に敷いたレールに、コクピット状のトロッコを走らせるというもの。パイロットの卵は、これに乗り込んで的を撃つのだ。まるで場末の遊園地アトラクションだが、この程度の訓練さえないままに実戦投入されるパイロットも少なくなかった。

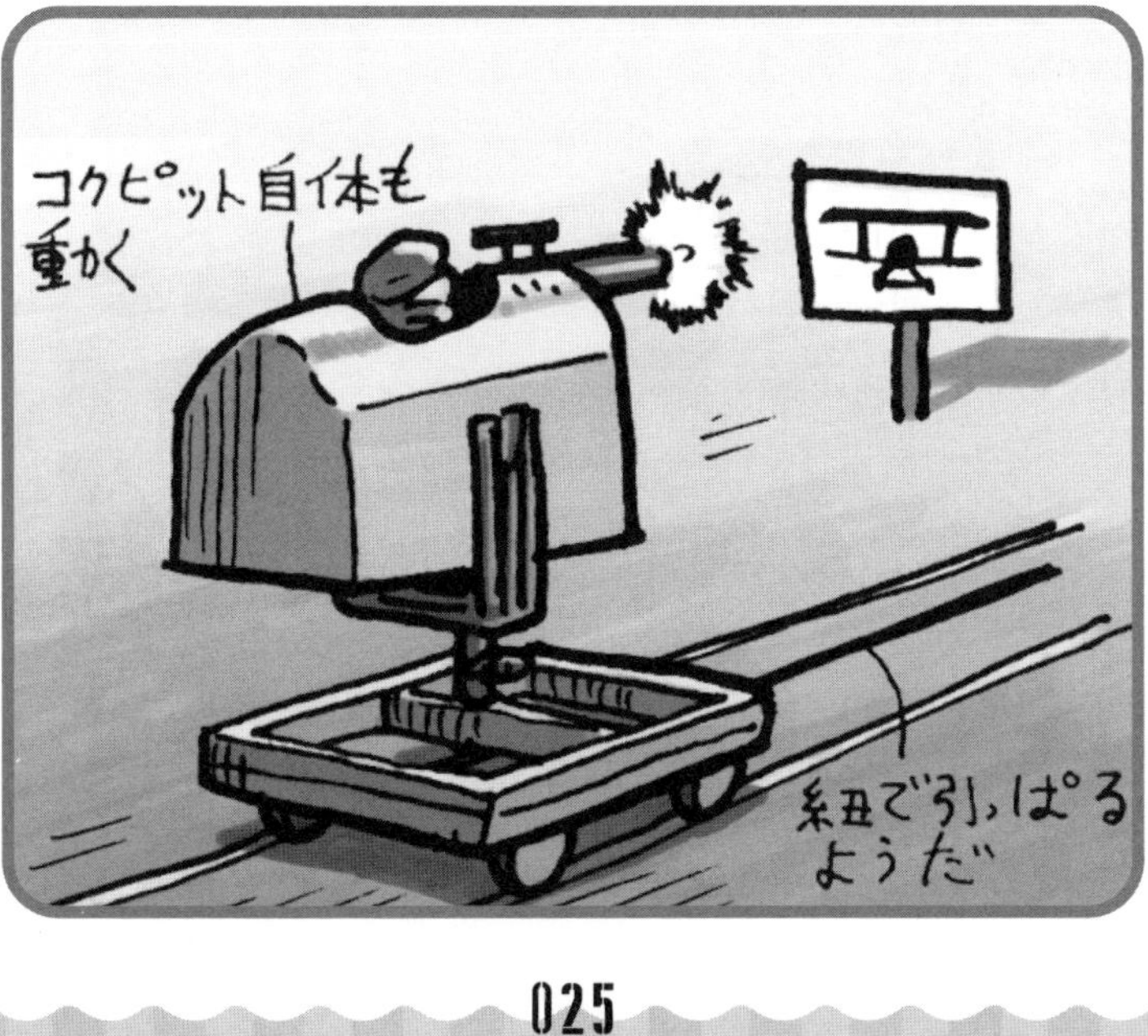

三菱 A6M 零式艦上戦闘機の各型

十二試艦上戦闘機の名で開発された零式艦上戦闘機、通称、零戦の一一型は「艦戦」という名とは裏腹に、まずは陸上戦闘機として採用し、戦地における実用実験に供された機体。主翼端を50㎝ずつ折りたためるようにし、着艦フックなどを完備したのが零戦二一型である。真珠湾攻撃以降の快進撃を支えたのも、この二一型であった。

　零戦五二型は、連合軍戦闘機の高性能化に対抗して作られた零戦の性能向上型である。発動機を「栄」二一型に換装し、主翼内に燃料タンクを追加したことで航続距離は過去最大となった。自慢の20㎜機銃もより長銃身、高初速の二号機銃に換装した結果、弾道特性と威力は比較

1943年、ソロモン諸島上空を飛行する零式艦上戦闘機二二型。
「ラバウルの魔王」と畏怖されたエース、西沢広義上飛曹の搭乗機といわれる。

【零戦三二型】 エンジンを2速過給機付きの「栄」二一型に換装、生産性を向上させるため主翼端を50㎝短縮し、翼の折り畳み機構を排除した。

【零戦二二型】 航続距離の低下という三二型の欠点を補うために開発、生産された型。主翼内に燃料タンクを増設し、主翼の折り畳み機構を復活させ、二一型と同じ翼幅に戻された。

【零戦五四型】 五二型丙のエンジンを「金星」六二型に換装し、被弾後の生存性を高める自動防漏式防弾燃料タンクを装備した型。試作2機のみの生産。

【零戦六二型】 五二型丙の胴体下に爆弾の懸吊架を装備した戦闘爆撃機型。量産された零戦の最後の型式となった。

にならないほど良好になった。しかし、せっかくの高性能を戦略の中で活かせないまま、消耗戦で損失を重ねてしまったのだ。

零戦の再評価

昨今のミリタリーブームの影響もあってか、先の戦争に関する定説もかなり見直しされるようになってきた。零戦も例外ではなく、いわゆる「登場時には世界最高の戦闘機であった」という評価も、現在ではかなり変わってきている。そもそも零戦のデビューは太平洋戦争ではなく、真珠湾奇襲より一年半も前の日中戦争においてである。たしかにこの時点では、零戦の長大な航続距離と優れた格闘戦性能は中国軍機を圧倒し、観戦武官として参加していたアメリカ陸軍航空隊の幹部を驚愕させた。しかしこの日本の新型戦闘機の登場の報告は、なぜか軍上層部では深く考慮されなかった。

ラッキーヒットは続かない

しかし、零戦が「無敵」であった時期は意外に短い。中国戦線では警戒されて敵機

【観戦武官】第三国の戦争を観戦し、戦闘経過の記録や分析をするために戦地に派遣される武官のこと。

の出撃自体が減り、数字での戦果はそれほど上積みできなかった。太平洋戦争においては、例えばフィリピン侵攻作戦などでの敵機はF2AバッファローやP-40トマホークといった旧式機が中心であり、わずかな新鋭機も奇襲や連合軍の準備不足の中で戦力にならなかった。しかし1941年12月の第二次ウェーク島攻略戦では、二航戦所属の6機の零戦が、わずか2機のF4Fワイルドキャットを食い止められずに九七艦攻2機を失っている。その直後にF4Fを仕留めはしたが、作戦的には大失敗であった。

最高到達点となった珊瑚礁海戦

無敵零戦の印象は、開戦直後の奇襲効果が生んだボーナスみたいなものであり、そのモーメンタムは1942年5月の珊瑚海海戦までしか続かなかった。この戦いでは五航戦が敵空母『レキシントン』の撃沈に成功、零戦もよく掩護をこなしていたが、軽空母『祥鳳』を喪失、『翔鶴』も大破して作戦目的であったポートモレスビー攻略は失敗している。翌月のミッドウェー海戦では双方とも航空戦で大きな損害を出したが、零戦とF4Fとの交戦スコアを比較すると、引き分けというのが妥当な評価だ。

【フィリピン侵攻作戦】 太平洋戦争開戦当日に真珠湾攻撃と並行して行われた在台湾の日本海軍航空部隊によるルソン島空襲をはじめとする作戦。

【第二次ウェーク島攻略戦】 太平洋正面としてはもっとも日本に近いアメリカの島嶼であったウェーク島を攻略する作戦は、アメリカ側の反撃により失敗に終わった。その後、体制を立て直し、再度行なわれたのが第二次ウェーク島攻略作戦で、1941年12月23日に海軍陸戦隊は上陸開始、同島の攻略にようやく成功した。

【珊瑚礁海戦】 日本陸海軍によるポートモレスビー攻略を阻止しようと出撃してきたアメリカ艦隊と、1942年5月7日に行われたのが珊瑚海海戦。これは人類史上初の空母同士の艦隊決戦であった。

この頃には後述する「サッチ・ウィーブ」などの対抗戦術も編み出され、零戦が一方的に空戦で勝利することは望めなくなっていた。

負けない戦術「サッチ・ウィーブ」

開戦以来、空中格闘戦で無類の強さを発揮した零戦は、連合軍パイロットの恐怖の的となった。この心理的圧迫に論理で対抗したのがジョン・サッチ海軍少佐だ。1941年秋に中国戦線での零戦の働きを伝聞したサッチは、ウィングマンのオヘア少尉とともに対抗策を研究。当時、ヨーロッパ上空の戦いで確立していた2機編隊2個、計4機による相互支援、一撃離脱を応用した「ビーム・ディフェンス・ポジション」を考案した。この戦術は、彼が空母『ヨークタウン』の飛行隊長となったミッドウェー海戦で有効性が認められた。

サッチの戦術とは、梯型隊形を作る2機が互いに軌道をクロスさせるようにS字旋回を繰り返すことで、もし片方の背後が零戦に取られても、すぐに僚機がその背後について牽制できる、防御中心の空戦戦術だ。被攻撃機の生存性を上げると同時に、零戦に対して効果的な一撃離脱攻撃を仕掛けることもできた。違いの軌道が織り機の糸

【ミッドウェー海戦】 アメリカ空母部隊を誘い出して撃滅しつつ、ミッドウェー島を攻略してハワイに睨みをきかせようと企図した作戦。日本海軍の暗号を解読していたアメリカ海軍に逆に誘い出された形となり、4隻の空母を一挙に喪失したのはご存じの通り。

【梯型隊形】 斜線を描くように、左右いずれかの方向に編隊を組む隊形のこと。

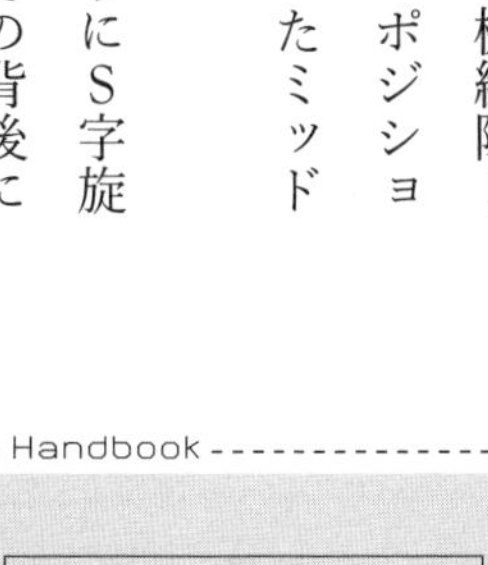

織動作に似ていることから「サッチ・ウィーブ（サッチの機《はた》織《お》り機《き》）」と呼ばれ、ガダルカナル島攻防戦以降のアメリカ軍の基本的な空戦戦術となった。ちなみに、特攻機に対する効果的な陣形「ビッグ・ブルー・カーペット」を生み出したのもサッチだ。

登場時が完成形

大戦中、アメリカ海軍は主力戦闘機をＦ６Ｆヘルキャットにフルモデルチェンジしている。翻って、日本では様々なサブタイプを生んだものの、基本的には零戦のマイナーチェンジで戦っていた。ただし、ドイツも敗戦までメッサーシュミットＢｆ１０９が主力であったし、イギリスも同様にスピットファイアを改造して使い続けていた。したがって、日本の開発技術に限界があった云々の証拠として零戦を使うのはフェアとは言えない。ただ現実問題として零戦には発展余地がまったくなかった。１０００馬力級の軽量戦闘機として開発された零戦は、三二型、二二型、そして五二型になっても２００馬力程度しか上積みができなかったからだ。

Ｂｆ１０９の場合、エンジン出力は初期の１０００馬力から１７００馬力まで増加して、戦闘力も大幅に強化されていた。スピットファイアもしかり。戦争中盤でＦ６Ｆに主力の座を明け渡したＦ４Ｆワイルドキャットでさえ、改良によって２００馬力の強化

【Ｆ６Ｆヘルキャット】 第二次世界大戦中盤以降、アメリカ海軍が主力艦上戦闘機として使用したグラマン社製の戦闘機。大馬力、重装甲、重武装で日本軍機を大いに苦しめた。

【Ｂｆ１０９】 スペイン内戦から１９４５年５月のナチスドイツ降伏まで、ドイツ空軍を支え続けたメッサーシュミット社製の傑作戦闘機。Ｂｆはメッサーシュミットの前社名である「バイエルン航空機」時代に名付けられたから（この後、Ｍｅとなる）。

【スピットファイア】 イギリス空軍の代名詞とも言える単座戦闘機。第二次世界大戦中、様々なタイプが開発・生産され、一部は太平洋戦線において日本軍機と対峙している。

を見ている。結局のところ、エンジンの馬力は速度、装甲、装備の質と量に変換される。１０００馬力と１５００馬力では階級が違うボクサーくらいの差が出てくる。零戦の能力は１０００馬力のエンジンのポテンシャルを最大限に引き出した機体であり、登場したときが最終形で、伸びしろがなかったのであった。それはそれですごい事なのだけど。

性能向上は航続距離と引き換えに

初期の零戦の二一型と後期の五二型とを比較すると、エンジン出力の強化分は重装備と装甲強化で相殺された。装甲に関しては、もとがマイナスなのだから、ようやく中の下のレベルになっただけのこと。増槽を使用しない、機体そのものの航続距離もさほど伸びなかった。もっとも、余剰の航続距離性能を若干の速力向上とトレードオフしたと考えれば、零戦五二型は日本海軍が開発した戦闘機の中で、もっとも穏当な

スピットファイア

Bf 109

F6F ヘルキャット

性能を得たとも言える。純粋な戦闘機としての成功作と言うべきだろう。

零戦の特殊な爆弾（その1）

五二型開発の主眼は速度向上であったが、同時に海軍は零戦の爆装にも力を入れていた。それも地上施設や艦艇を攻撃する対地爆弾ではなく航空攻撃用だ。最初に開発されたのが、黄燐弾子約１５０個を内蔵していた九九式三番三号爆弾である。作動は時限式で、これを敵編隊の上空から落とすと、爆発によって弾子が秒速１５０ｍで傘状に広がりながら敵機を襲うという仕組みだ。弾子は重量75g、直径20㎜、長さ30㎜程度で、外板を貫通するのには十分な威力があった。弾子を大型化し、数も増やした60kg爆弾の仮称三式六番三号爆弾や２５０kgのもの（二五番）も開発されている。

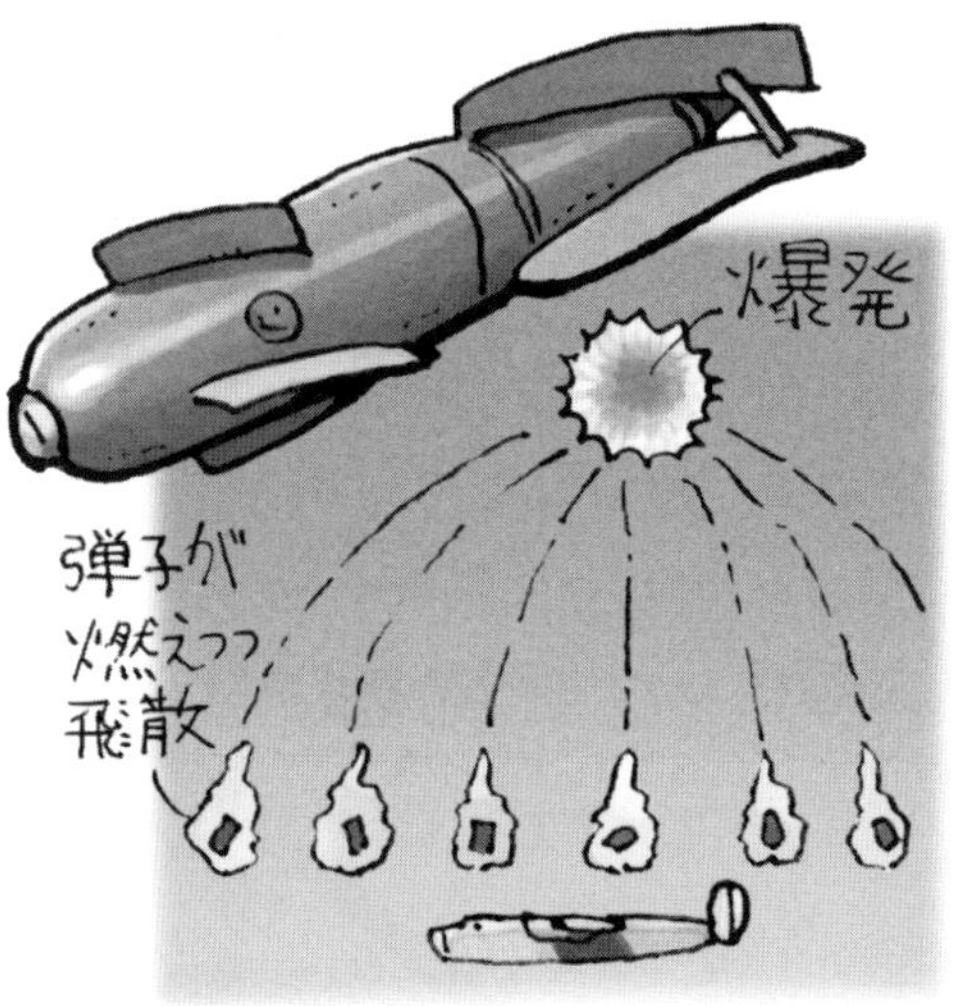

【黄燐】科学的に白リンと呼ばれるもので、自然発火する性質から焼夷弾の一種として使用される。

零戦の特殊な爆弾（その2）

もっとも対空爆弾は命中させるのが難しいので、精度向上のために爆弾をロケット化した三式一番二十八号爆弾が五二型丙用に開発された。これらとは別に開発されたのが飛行場攻撃用の爆弾だ。零戦は制空任務のために開発された戦闘機であり、敵爆撃機を相手にするような迎撃には向いていないし、対空爆弾に必要な高々度飛行も苦手である。その点、航続距離を活かして奇襲をかけ、まず敵飛行場を無力化して後の戦闘を有利に進めるというような戦い方が理想とされた。この場合、滑走路に穴を開け、地上の敵機を破壊できればいいなので、零戦に搭載できる小型爆弾で十分であった。

零戦の特殊な爆弾（その3）

零戦に装備できる飛行場攻撃用爆弾の二式六番陸用爆弾は、一定距離の落下で弾体が開き、小爆弾を飛散させるというもので、重量60kgと小型の割には、かなり広範囲を爆撃可能であった。さらに三式六番三十二号爆弾は、合計７０００個の破片をばらまける6個の弾子を内蔵したもので、威力は低いが、一層広範囲をカバーできた。また三式六番二十三号爆弾の場合は弾体が地面に深くめり込んでから時限発火で炸裂する仕組みになっていて、軽量爆弾ながらも滑走路に命中すれば、長時間、使用不能にすることができた。

開戦前に奪われていた零戦

1942年6月、アリューシャン列島で不時着した空母『龍驤』の零戦がアメリカ軍に奪われて、性能の秘密が丸裸にされたエピソードはとても有名だが、実は開戦前にも敵手に落ちた機体があった。1941年11月26日、当時、日本の勢力圏だった海南島を目指して飛行中だった2機の零戦二一型のうち1機がほぼ無傷で中国軍の手に落ちてしまったのだ。しかし在中国のアメリカ陸軍航空隊は、分解状態のままで運ばれた零戦になぜか興味を示さず、そのままの状態で一年も放置してしまったという。

新旧艦戦対決

欧米の戦闘機に対して卓越した機動性を発揮した零戦だが、実のところ、格闘戦だ

【アリューシャン列島】 北アメリカ大陸の北部からアジア大陸へ向かって伸びる列島線で、北千島からはもっとも近い敵地であった。1942年6月のMI作戦に策応して第2機動部隊によりダッチハーバー空襲が行われ、アッツ島とキスカ島が攻略された。

【海南島】 仏領インドシナ（現在のベトナム）のトンキン湾に浮かぶ中国領の島であったが、日中戦争中に日本が占領していた。

けを切り取るなら一世代古い九六式艦上戦闘機が上回る場面もあった。7.7㎜機銃のみ使用という条件では、ベテランパイロットの多くが九六艦戦の優位を認めていたという。だが零戦は旧来機が比較にならない5時間もの航続飛行時間を活かして、戦場をみずから選び、漸次進化している敵戦闘機の先を行く武装で圧倒するのを目指した、戦略の根本を変えてしまう戦闘機であった。このように見ると、その兵器が誕生する背景を考慮しないスペック比較にはさほど意味は無いということがわかる。

零戦の塗装の歴史

型番などである程度は検討がつけられるものの、零戦くらい長く使っている戦闘機になると、塗装パターンやルールの研究や資料は膨大なものになる。これを基本的なところだけたどると、まず零戦のデビューから太平洋戦争の緒戦までは、標準の灰色単色に防錆のために光沢がある透明な保護塗料を重ね塗りしていたものとなる。しかし対英米戦の直前には、局地的には厳しい戦況も予想されたため、空技廠の研究を踏まえて、「不利な戦況が予想される場合」には零戦を濃緑／黒色で迷彩塗装する旨が通達されていた。実際、ガダルカナル島攻防戦が始まるとこうした迷彩塗装機が主流

【九六式艦上戦闘機】 九試単戦に改修を施して、1936年11月に制式化されたのが九六式艦上戦闘機である。九試単戦の強烈な逆ガル翼を廃して、中央翼を水平とし、外翼のみ上反りにしたことで外見は大きく変化した。

【空技廠】 正式名称は「海軍航空技術廠」。海軍技術研究所航空研究部、横須賀海軍工廠航空機実験部・同航空発動機実験部を統合する形で1932年4月1日に横須賀海軍航空隊に隣接して設置された海軍部内の航空機開発機関で、艦上爆撃機「彗星」や陸上爆撃機「銀河」、潜水艦搭載用の零式小型水上機など、設計上冒険度合いの高い飛行機の設計も行っている。1944年7月、第一技術廠と改組。

となる。緑の零戦になんとなく劣勢感を感じてしまうのはこういうわけ。

20㎜機銃の大英断

零戦の先進性、革新性を列挙するとキリが無いが、攻撃面なら20㎜機銃の採用が決定打だ。この機銃を最初から搭載していたおかげで、零戦は終戦まで戦い抜けたとも言える。実は当初は海軍内部、特に現場からは20㎜機銃のようなオーバースペックな武器は不要であるとの批判が強かった。しかし配備が始まると、そのような声はかき消されてしまった。現場の反対を押し切るブレのない英断は、当時、海軍航空本部長だった山本五十六によるものであったとのこと。

丙型必殺のロケット爆弾

零戦の事実上の最終量産型となる五二型、中でも五二型丙は重武装を追求した機体だが、特に目を引くのが三式一番二十八号爆弾だ。既存の対空爆弾をロケット推進にしたもので、主翼下に吊下して運用した。敵重爆群に空対空ロケットを打ち込んで密

【海軍航空本部長】 1927年、航空戦力の重要性が高まったことにより設立された海軍省の外局「海軍航空本部」のトップ。

【山本五十六】 海兵32期出身。太平洋戦争開戦時の連合艦隊司令長官で、日露戦争には海軍少尉の身分で参加。第一次世界大戦後にアメリカへ駐在した経験から航空機の発展を予見、航空へ転科し1924年9月、霞ヶ浦航空隊附となったのを皮切りに海軍航空の発展に尽力した。1943年4月18日戦死。

集編隊を乱し、空戦の主導権を得るという戦術で一定の戦果を挙げていたドイツ空軍の戦いに倣った対空兵器である。重量は7.65kg、推進剤1.87kgと爆薬0.58kgの弾頭を格納した弾体は、最大、片翼で5連装で搭載可能であった。となると、開発時点ではまだ海軍が正攻法による敵重爆の駆逐を諦めていなかったことがわかる。三式一番二十八号爆弾の性能を見ると、最高速度は秒速４００ｍ、射程５００ｍでの半数必中界は９ｍとされている。とはいえ、もとより敵重爆の飛行高度に到達するだけでも一苦労の状況での性能であるため、参考程度にしかならない数字だ。そもそも一定の編隊規模で斉射しなければ効果は薄かったはずだ。この爆弾の部隊配備が始まったのは１９４５年に入ってからで、生産数は５０００発とされる。しかし空戦での戦果は判然とせず、対地・対艦作戦に運用した部隊の戦果がわずかに確認できるのみだ。いかんせん映像作品などで使われることもないため、残念なマイナー兵器である。

知ってると得する飛行機トリビア

2

ちょこっと小話

零戦のお値段

兵器の値段ってのは「戦争には金がかかる」系スローガンのネタとしてわかりやすいのでいろいろな場面で引用されるけど、ここで改めておなじみ「零式艦上戦闘機」のお値段を。零戦1機の値段は、開戦直前の時期で約15万6000円。これを米60kgの値段を基準にして現代と比較すると、2017年の米価は1万5526円で当時の941倍なので、1機あたり1億4680万円前後になる。F-2戦闘機のユニットコストが約120億円と言われているけど、戦闘機1機の価値が違うとはいえ、経済規模の違いを考えれば、今の25億円くらいの感覚か。

酷使される零戦

１９４２年6月のミッドウェー海戦を転換点として、空戦においては零戦の輝きは失われる。その後、同年8月から始まったガ島攻防戦においてラバウルを中核拠点とする基地航空隊の零戦は損耗を重ねるわけだが、むしろ長駆１０００kmを往復するハンデのもと、半年以上も制空戦闘を継続したことこそが零戦の凄みだろう。派手な空戦での勝利ではなく、なんとか前線上空に戦闘機がとどまっていられることに、用兵側としては重要な価値がある。このような戦いは零戦でなければ成し遂げられなかった。しかし逆の見方をすれば、使い勝手の良い零戦に依存しすぎて、本来なら放棄すべきガ島の作戦が継続されてしまったとも言える。

ガ島攻防戦の目的

１９４２年8月7日、米海兵隊の上陸に始まり、翌年2月の日本軍撤退まで半年も続いたガ島攻防戦。大きさで言えば愛知県ほどしかない小さなガ島が激戦の舞台になったのは、アメリカにとっては日本への反撃拠点となるオーストラリアへの交通路、

【ガ島】 ガダルカナル島の略称。補給路を絶たれ、飢餓に苦しんだ日本軍を揶揄して「餓島」などとも表記される。

【制空戦闘】 敵戦闘機を撃墜、駆逐して戦場の制空権を取るための戦闘で、対義語は「直掩（味方攻撃隊の護衛）」、あるいは敵を味方勢力圏で迎え撃つ「邀撃戦闘」。

つまり米豪連絡線を守るためであった。逆に日本としてはミッドウェー海戦の大敗で主導権を失いつつある中、敵が確実に戦力を集中しているこの海域で敵主力、特に機動部隊を叩くことで、戦力のバランスを取り返そうと考えたからだ。ガ島攻防戦は、まさに巨漢レスラー同士の、命を賭けた指相撲なのであった。

往復2000kmの長旅

米海兵隊のガ島侵攻を受けた時、最寄りとなる海軍航空隊の基地はラバウルだけであった。ガ島との距離は約１０００kmもある。とはいえ航続距離で３５００kmに達する零戦二一型であれば往復可能で、しかもガ島上空で30分も戦うことができたから、一式陸攻をはじめとする爆撃部隊を終始護衛できる強みがあった。ただ問題はパイロットの肉体的、精神的な疲労の蓄積だ。被弾だけではなく、長い飛行の間には故障もあるが、その場合は帰投は難しく、救助も期待できない。こうした悪条件の中で、かけがえのないベテラン搭乗員が多数失われた。

ガ島攻防戦の生命線は、ラバウルを根拠地とする零戦にかかっていた。ところが零戦も大きな問題を抱えていた。主力の二一型は高々度性能とロール性能が悪かったた

ラバウル基地の零戦

ガダルカナル島に上陸する米海兵隊

め、ガ島侵攻時にはこれを改善した三二型の導入が始まっていたが、このタイプは航続距離が１０００km も短くなり、ラバウルからのガ島支援に役立たなかったのだ。結果、あちこちに散らばっていた二一型がかき集められることになり、本来なら無用なはずの二二型の開発という寄り道も強いられた。これが、ただでさえ貧弱な航空機産業の負担となり、戦闘機の抜本的な更新が遅れる原因となったのである。

最強の武器は通信機

イギリスが統治していたソロモン諸島には、防衛軍が無かったかわりに、行政官など白人協力者による通信ネットワークがあった。使用するのは３B型という携帯無線機で、６メガヘルツの周波数を持ち、音声通信６５０km、電鍵通信９５０kmが可能だった。行政官

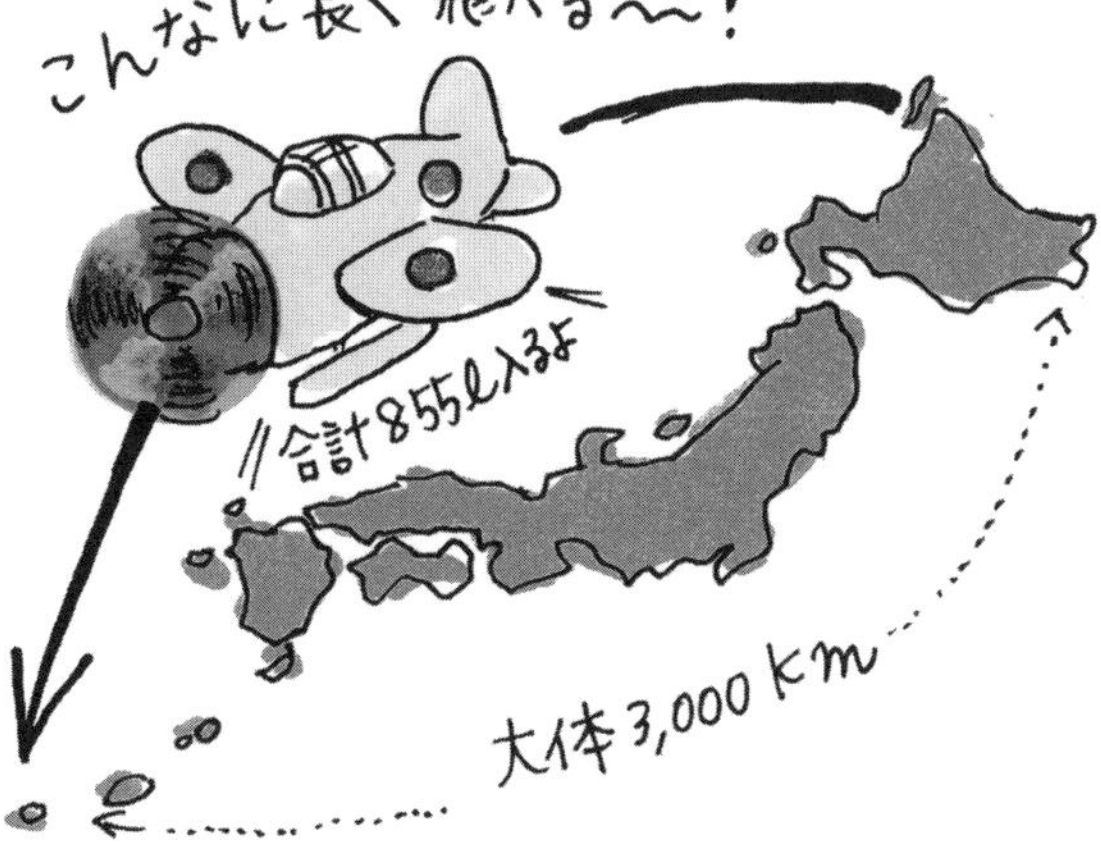

【行政官】 イギリスによって保護領（実態は植民地）化されたソロモン諸島を統治するイギリス植民地省の役人。

【3B型】 正式名称はAWA 3B型。オーストラリア、アマルガメイテッド・ワイヤレス社製の携帯無線機で、オーストラリア陸軍や沿岸監視隊によって用いられた。

【電鍵通信】 いわゆるモールス信号による通信手段を指す。

はオーストラリア海軍の指揮下で「沿岸監視隊」と呼ばれた無線ネットワークに参加し、軍事情報を収集していた。任務の中心は、日本軍の航空機の移動に関する報告であり、ガ島攻防戦においてラバウルから飛び立つ日本軍機に対する早期警戒で活躍した。

ガ島の住民はどこに

ガ島攻防戦当時、ソロモン諸島のメラネシア系住民は原初的な部族社会を営みながら、イギリス行政官の指導のもとで緩い統治に服していた。彼らを実質的に支配していたのは、ソロモン諸島全域で５００～６００人が居住していた白人の農園主とその関連業者であった。白人の大半は日本の侵攻を前に逃げ出していたが、一部の農園主は頑固に島に残り、「沿岸監視隊」として軍に協力した。特にブーゲンビル島の協力者は日本軍機の行き帰りの機数を正確に報告したので、損害の見積もりにきわめて有効であった。

YAMAMOTOをどうする?

ガ島攻防戦が終わった後の１９４３年4月18日、連合艦隊司令長官山本五十六大将は

【沿岸監視隊】 太平洋上の島々において展開された組織で、日本軍の動きを監視・報告し、取り残された友軍の連合国軍兵士の救助を行なった。軍人だけでなく、元軍人や一般市民、島々の原住民も諜報活動に携わった。別名「コースト・ウォッチャーズ」。

前線視察のため一式陸上攻撃機に座乗中に、ブーゲンビル島上空でP‐38ライトニングの迎撃にあって戦死した。この作戦が実行される前、暗号解読により山本長官の動向を知った太平洋艦隊司令長官のニミッツ提督は、これまでのミッドウェー海戦やガ島攻防戦で戦力を小出しにして貴重な戦力をすりつぶした失敗続きの山本を排除するのは、アメリカにとって得策ではないと悩んでいた。結局、ホワイトハウスまで巻き込んだ議論の末、日本国民に与える心理的効果を期待して、長官機撃墜に踏み切ったという。

「零戦燃ゆ」の6人

1984年に映画化された『零戦燃ゆ』は、腕利きの零戦パイロット浜田正一を軸としたフィクション戦記作品だが、浜田以外の登場人物や事件は、基本的に史実をなぞらえている。前述の山本五十六連合艦隊司令長官撃墜死事件（海軍甲事件）において、長官機を護衛していた6機の零戦のうち1機に搭乗していた浜田が、「戦死するまで連日出撃する」というペナルティーを課せられることが物語の鍵となっている。

では、史実ではどうだったのだろう？

第二〇四海軍航空隊（二〇四空と略）の6機のパイロットのうち最初に戦死したの

【P‐38ライトニング】 高高度性能に優れる迎撃機の必要性を受け、ロッキード社が開発した双発単座戦闘機。ドイツでは「双胴の悪魔」と恐れられた一方、運動性に勝る戦闘機でP‐38を蹂躙していた日本軍は「ペロハチ（ペロりと食えるP‐38）」と呼んでいた。戦争を通じて順当に改良を重ね、最終的には日本軍機と立場が逆転するに至った。

P-38

は、長官戦死から50日目の6月7日、ルッセル島の敵基地爆撃と制空任務のためにブインから出撃した日高義巳上飛曹であった。敵基地に60kg爆弾を投下後、迎撃に上がってくる敵機群と交戦というのが作戦の骨子である。この戦闘では、爆弾を投下後に洋上に飛び抜けた日高機の姿が確認されているが、これが記録に残るすべてである。敵戦闘機との迎撃戦闘の最中、誰にも確認されないまま南冥に果てたのだろう。

長官機護衛時に日高上飛曹の2番機として操縦桿を握っていた岡崎靖二飛曹も、同じ日の戦闘で戦死している。地上爆撃後にF4FやP-38、P-40など各種合計30機ほどの敵機群と戦闘に入り、僚機との共同攻撃で8機のF4Fを含む13機を共同撃墜したらしいが、コロンバンガラ島上空で戦闘中に被弾し、行方不明となった。同島には両軍機が多数墜落しているが、岡崎機は洋上に墜落したものらしい。

柳谷謙治飛兵長も6月7日の作戦で爆撃降下中に対空砲火の命中を受け、右手、右足に重傷を負った。どうにか戦闘空域を離脱した柳谷飛兵長は、出血多量で幾度も意識を失いかけながらもムンダまでたどり着き、同島の応急滑走路に不時着した。手術により右手首を切断されたが、病院船『氷川丸』でトラック島に後送されたのち、本国の呉へと帰還した。その後、練習航空隊の教員として搭乗配置に復帰し、護衛機の6人の唯一の生き残りとして終戦を迎えている。

【氷川丸】 日本郵船の氷川丸型貨客船のネームシップで、1930年に竣工。現在、横浜の山下公園前に係留されている『氷川丸』と同一船。太平洋戦争開戦直前の1941年11月末に海軍に徴用され、戦中は海軍病院船として行動し、戦線から負傷者を内地へ還送、無事終戦を迎えた。

【トラック島】 現在のミクロネシア連邦、チューク州のチューク諸島のこと。第一次世界大戦後、ドイツ植民地であった一帯を日本が統治することとなり、西太平洋の軍事拠点として使用された。

護衛機6機の編隊長であった森崎武海軍予備中尉は、6月16日に、ガダルカナルのルンガ泊地に停泊中の敵輸送船団に対する攻撃の護衛として出撃した。96機からなる戦爆連合は、ルッセル島上空で約百機の敵迎撃機隊と交戦になり、森崎機は敵機1機を撃墜したところまで確認されているが、その直後に消息を絶った。7日の戦闘で3人の仲間を一気に失い、ひどく落胆していた様子であったというが、彼らのあとを追うまでの時間は意外なほど短かった。

辻野上豊光一飛曹は、6月16日の戦闘において、二〇四空の飛行隊長である宮野大尉機のカバーに徹していたが、混戦の中で大尉機を見失い、自身も3機の敵機に追撃される。この戦闘では敵機1機を返り討ちにしたものの、直後に被弾、負傷しつつ帰投に成功すると、早くも7月1日には再出撃し、レンドバ上空で敵機40機と交戦、消息を絶った。森崎予備中尉に関して多くの証言が残されているのは、辻野上一飛曹が戦死するまでに残した証言によるものが大きい。

二度の大規模空戦で同僚5人を失った杉田庄一飛兵長は7月中だけでも21回という超人的な出撃を重ねた（ただし同様の出撃をこなしたパイロットは決して珍しくない）。8月26日の戦闘ではエンジンに被弾して大火傷を負い、本国に送還。回復後に航空隊教員などを経て、第三四三海軍航空隊の戦闘第三〇一飛行隊に配属され、紫電

【第三四三海軍航空隊】
海軍航空本部に勤務していた源田実大佐の「戦争に勝てる戦闘機隊を作る」と言う提言により1944年12月に編成された航空隊で、この名を持つ部隊としては2代目。「紫電改」を装備する戦闘第三〇一飛行隊、戦闘第四〇七飛行隊、戦闘第七〇一飛行隊を統合運用し、後詰として補充搭乗員を錬成する戦闘第四〇一飛行隊も編成に加えられた。

改に乗り換えた頃には海軍きってのエースに成長していた。そして1945年4月15日、発進直後を上空から襲撃されて戦死した。個人撃墜70機の彼こそが、映画『零戦燃ゆ』の浜田正一のモデルと言われている。

考えるな、感じるんだ！

ラバウルを発進する零戦パイロットにとって、最大の恐怖が迷子。一人乗りの零戦の航法装置は貧弱だし、機位を失えば燃料切れとなって鮫の餌……というプレッシャーの中で複雑な航法計算を一人ですべてこなすのはパイロットにとって大変な負担であった。爆撃機の護衛なら航法は任せておけたけど、空中戦ではぐれたりするとお手上げ。そうなった時の最後の切り札が「匂い」だ。熱帯のソロモン諸島は濃厚な土と

腐った緑の匂いを発し、海の上でも陸地の嗅ぎ分けがついたという。天蓋を開けて島の匂いをかぎ取れる嗅覚が、しばしば生死の境を分けたとの証言も多い。

ガ島の深淵を探れ

日本人ならばかならず耳にしているであろう、ガ島の名だけど、どんな場所かとなると案外知らなかったりする。戦記物ばかり読んでいるとバイアスがかかりまくりだし、特に戦闘は沿岸部中心なので、島の中心部の様子は体験談からもよく分からない。そんなミッシングリンクを埋めてくれたのが、登山雑誌『岳人』の２０１６年1月号。クライマーの宮城公博氏が《ガダルカナル島単独横断継続遡下降》なる企画で、ガ島深奥部を写真付きでルポしている。住民の暮らしと合わせて、とても貴重な記事なので、機会があれば一読を。

ガ島の所有者は誰か

戦記などでのガダルカナル島は、島の名前で呼ばれても国の名前で呼ばれることは

【天蓋】 キャノピーのこと。航空機やその他の乗り物の操縦席を覆う透明な覆い。

ない。そもそもがまず、ガ島を含むソロモン諸島は1893年以来、ごく少数の白人が約10万の現地人をゆるく統治していた、イギリスの「保護領」であったからだ。行政を担当する植民地省の行政官は一人でいくつかの島を管轄するのが通例で、日本軍のガ島侵攻時にはマーティン・クレメンスという二十代の行政官が担当していた。彼は日本軍がやってくると、現地人と協力して島の中央部に逃れ、「沿岸監視隊」として無線機で日本の動向を暗号通信していたところを、米海兵隊に救出されている。

アイアンボトム・サウンド

ガ島北岸とツラギのあるフロリダ島およびサヴォ島に挟まれた、幅20㎞ほどの海峡では、主要なものだけで6度もの海戦の舞台となり、無数の小競り合いや輸送作戦とその迎撃が行なわれたことから、多くの艦艇が沈んだ。そのため戦時中からアイアンボトム・サウンド（鉄底《かなどこ》海峡）とあだ名で呼ばれるようになり、現代では正式名称になっている。サウンドとは「海峡」

マーティン・クレメンスと沿岸監視隊

【マーティン・クレメンス】
深刻な物資不足に悩まされ続けながらも、沿岸監視隊として原住民の協力のもと諜報活動を続けたクレメンス。連合軍がガ島に上陸すると、米海兵隊と直接行動を共にするようになった。2009年5月に死去。

の意味だけど、アイアンボトム・サウンドを「鋼鉄の船が沈みゆく断末魔」と想像すると、なんとも詩的な陰鬱さが漂ってくる。

ガ島攻防戦案内（MAP：ショートランド諸島）

ガ島攻防戦ではあまり馴染みのない地名が多数登場する。その一部について簡単に。日本海軍の泊地となったソロモン諸島のショートランド諸島は、ラバウルの南東５００kmと、ちょうどガ島までの中間点にあり、水上機部隊の拠点としても重要であった。特にガ島攻防戦では、ショートランド島から発進した「R方面航空部隊」の水上機部隊が主に薄暮や早朝の時間を狙ってヘンダーソン飛行場や沖合の輸送艦艇群に攻撃を仕掛け、一定の戦果をあげている。また、駆逐艦以下の小型艦艇の泊地としても使用された。

ガ島攻防戦案内（MAP：ラバウル）

ラバウルがあるニューブリテン島は、ビスマルク諸島の最大の島だ。面積は九州と

【R方面航空部隊】

1942年8月に生起したガダルカナル攻防戦に際してショートランドに結集された海軍水上機部隊の軍隊区分上の呼称。R方面はラバウルを含むソロモン諸島の意。特設水上機母艦山陽丸や讃岐丸、國川丸のほか、二式水戦搭載の神川丸、正規の水上機母艦である千歳などの飛行機隊を主に、トラック周辺に在泊する戦艦や巡洋艦などの水上偵察機も逐次派遣された。

「R方面航空部隊」の後身である第九五八海軍航空隊の零式水上偵察機

ほぼ同じで、開戦当時はオーストラリアの委任統治領であったが、占領した日本軍は、この島の北東端のラバウルに根拠地を建設した。ガ島攻防戦の際には航空隊の発進基地となり、連日のようにガ島まで約１０００㎞の道のりを出撃した日本海軍航空隊は、多くの未帰還機を出すことになる。現在のニューブリテン島はパプアニューギニアとして独立し、ラバウルは首都となっている。日本軍のかつての基地跡地は１９９４年の花吹山の火山噴火で埋没してしまった。

ガ島攻防戦案内（ＭＡＰ：ツラギ）

ツラギ島はガ島の北部30㎞、フロリダ島（あるいはンゲラ島）の湾内に浮かぶ、全長5㎞ほどの小さな島だが、イギリスの植民地政府が置かれ、将校クラブや兵舎、ホテル、政府公邸のほか、ゴルフ場やクリケット場まで設けられた。ガ島に侵攻した日本軍はここに水上機基地を設けて横浜海軍航空隊の飛行艇や二式水上戦闘機を進出させ、守備兵50名ほどを配置していたが、米海兵隊によりガ島と同時に攻略された。日本軍は遂に一度もツラギの奪回を試みることはできず、ガ島北岸、すなわちアイアンボトム・サウンドを北から監視する連合軍の拠点とされてしまった。

米艦載機による空襲を受けるツラギ東部のタナンボゴ島基地

ガ島攻防戦案内（MAP：アメリカ軍拠点）

ソロモン諸島に侵攻した日本軍に対し、アメリカ軍が反攻拠点としたのが、ニューヘブリテーズ諸島のエスピリトゥサントとエファテ、そしてニューカレドニアのヌーメアだ。前者は英仏共同統治領であり、ニューカレドニアは自由フランス側に付いたため、ともにアメリカの拠点として利用されることになった。しかし、このうちガ島に直接飛行機が飛べる距離にあるのはエスピリトゥサントだけであり、まず海兵隊はこの島のジャングルを切り開いて、長さ１８００ｍの飛行場を作らねばならなかった。

ガ島攻防戦案内（MAP：ヘンダーソン飛行場）

ガ島攻防戦の焦点となったヘンダーソン飛行場（日本側呼称はルンガ飛行場）は、ミッドウェー海戦で第16海兵隊爆撃飛行隊の指揮官として空母『飛龍』に攻撃を敢行したロフトン・ヘンダーソン少佐にちなんでいる。第二次世界大戦において敵艦隊への攻撃で戦死した最初の飛行隊隊長という意味で、彼が所属した海兵隊の主要作戦となったガ島と関連づけられたのだ。暫時拡張され、機能を増やしたこの飛行場は、戦

【自由フランス】 第二次世界大戦中、ナチスドイツのフランス占領に対抗して打ち立てられた組織。一方、ドイツの傀儡政府としてのフランスは「ヴィシー・フランス」と呼称する。

【ロフトン・ヘンダーソン】 ミッドウェー海戦中、空母『飛龍』を攻撃中に左翼に被弾。炎上しながら急降下していくのを最後に消息を立つ。ガ島のヘンダーソン飛行場の他、ミッドウェー環礁の緊急着陸用飛行場、およびギアリング級駆逐艦にもその名が冠されている。

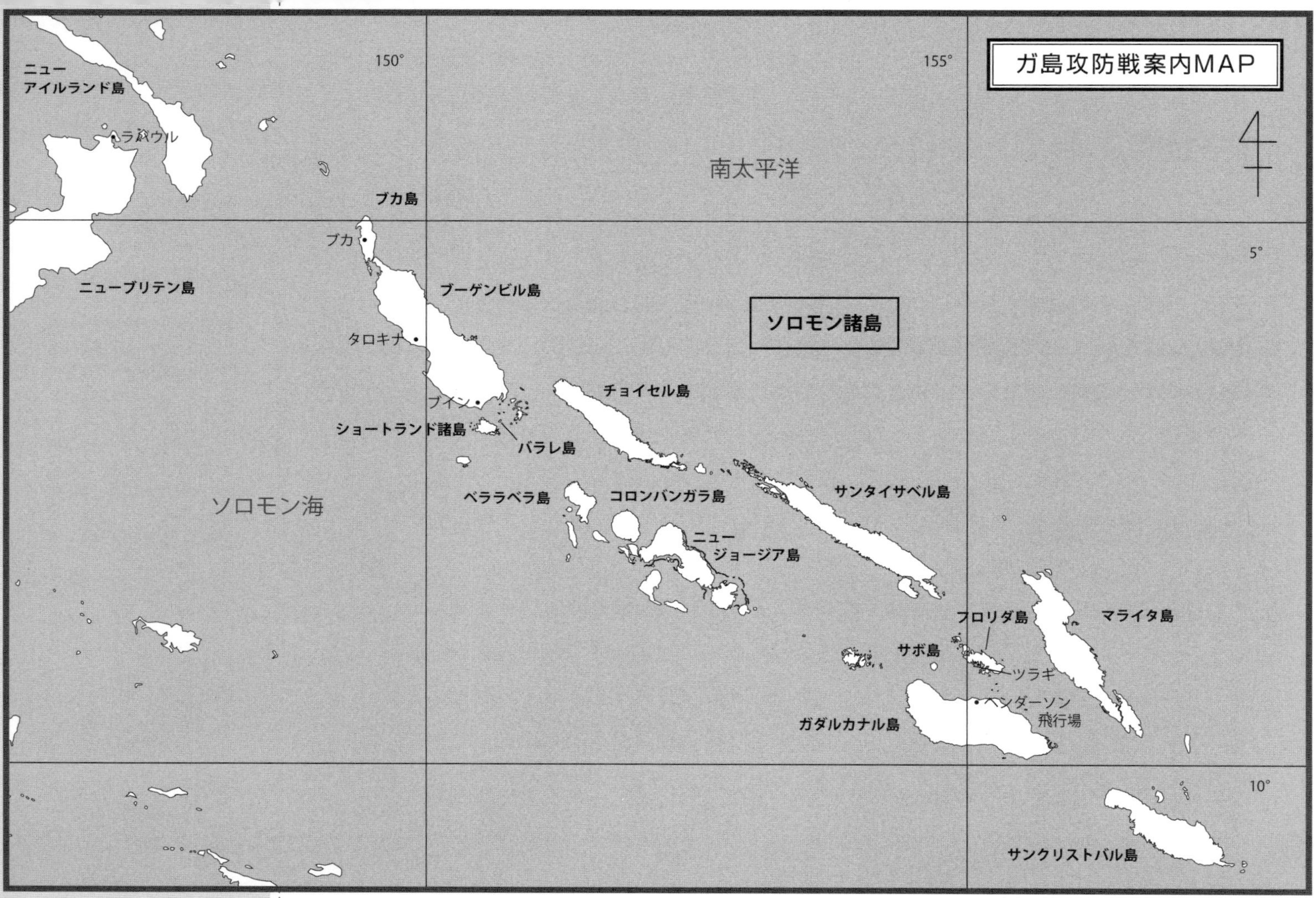
ガ島攻防戦案内MAP
南太平洋
ソロモン諸島
ソロモン海
150°
155°
5°
10°
ニュー
アイルランド島
ラバウル
ニューブリテン島
ブカ島
ブカ
ブーゲンビル島
タロキナ
ブイン
ショートランド諸島
バラレ島
チョイセル島
ベララベラ島
コロンバンガラ島
ニュー
ジョージア島
サンタイサベル島
サボ島
フロリダ島
ツラギ
マライタ島
ヘンダーソン
飛行場
ガダルカナル島
サンクリストバル島

後はソロモン諸島の軍兼用国際空港となり、２０００年に地名にちなんでホニアラ国際空港と改名されている。

シービーズと海軍設営隊

未開の島嶼に拠点を作りながらの戦いとなったソロモン諸島や中部太平洋の戦いでは、後方の拠点設営能力も日米両軍の戦力格差を生んだ。飛行場を作るにしても、一般には、日本の海軍設営隊はツルハシと爆薬の手作業であったが、アメリカの建設工兵隊、通称「シービー（ＳｅａＢｅｅ）」は豊富な重機を使うので、効率も精度も比較にならなかったと言われる。しかしガ島に関しては当てはまらず、日本はルンガ飛行場建設に際し、数台のロードローラーや建設資材、20万リットル以上の燃料を持ち込んでいた。もちろんすべてアメリカ海兵隊が奪っておいしく使っているのだけど。

最後は腕力がものを言う

空戦で背後をとられることは致命的に不利だ。これを脱する決め手が俊敏なロール

【海軍設営隊】 日本海軍にあった、陣地や飛行場建設などの構築作業を任務とする部隊。

【シービー】 １９４１年に設立の、前線で土木・建築作業および陣地構築を行なうアメリカ海軍の建設大隊。「シービー」は、建設大隊の略称「ＣＢ」の語呂合わせが由来。

力、すなわち横転性能だけど、意外なことに零戦はこれがすこぶる苦手だった。簡単に言うと、大きくてヤワな主翼とエルロンが、高速飛行時に相反する抵抗を生んで操縦桿の効きを重くしてしまうためだ。映画『永遠の０』では、主人公の宮部久蔵が深夜に隠れて筋トレをしているシーンがあったが、これも空戦時に備えたもの。ただでさえ疲労が蓄積する長距離飛行に加え、厳しさを増す長時間の空戦に生き残るには、文字通り、腕っぷしの強さが頼みの綱だったということだ。

海軍機命名規則

この辺りで一度、海軍機の命名規則を押さえておこう。戦前の海軍では、【機種記号＋機種ごとの計画番号＋設計メーカー記号＋改修型番号】という規則で名前がつけられた。そして制式化されると皇紀の下二桁が与えられるため、例えばＡ６Ｍ５なら

【皇紀】正しくは神武天皇即位紀元。初代天皇である神武天皇が即位された年を元年とする紀年方式で、西暦１９４０年＝皇紀２６００年とすると覚えやすい。なお、この皇紀２６００年に制式制定された兵器について海軍では零式と、陸軍では百式と表記の違いがあるのが面白い。

零式艦上戦闘機五二型ということになる。ちなみに三式戦「飛燕」や二式単座戦闘機「鍾馗」など、陸軍機の愛称があくまで非公式であったのに対して、海軍機は1943年より制式名称として機種に紐付けされた事物（戦闘機なら風、偵察機なら雲など）の名前が使われるようになった。

零戦の輪切りについて

2017年に開催された「レッドブル・エアレース千葉」では、民間所有の零戦が里帰り飛行を実施したことが話題になった。このプロジェクトは実は長い歴史があり、2014年11月には同機が輪切り状態になって、さいたまスーパーアリーナで一般公開されたことでも知られている。模型なり写真などで完成機を見慣れた目には、この輪切り状態が奇異に映るせいもあってか、中にはわざわざ零戦を「壊して」展

【レッドブル・エアレース】2003年から2019年まで開催されていた、タイムトライアルベースのエアレース。「空のF-1」とも形容される。千葉の幕張海浜公園での開催を最後に開催終了。

示したと勘違いする人も出たらしい。しかしこれ、実は零戦にとっては当たり前な姿、つまり正式な輸送分解状態であり、再組み立てして、また飛ばすことができるのです。
完成状態では面積、容積を取り過ぎてしまう零戦は、輸送に備えて、エンジンカウル部分、前部胴体と主翼、そして機体後部と、大きく三分割できるようになっていた。また機体後部へボルト接合されていた水平尾翼も比較的簡単に取り外しできた。これによって、さいたまスーパーアリーナでの展示では完成機ではわかりにくい操縦席周辺の細部がわかり、ディティール重視のモデラーにとっては夢のような展示だと、絶賛する声も少なくなかった。

「ゼロ」の再来を期待された戦後戦闘機

賞賛の数だけ批判の種もある零戦だが、なんだかんだ戦前技術の偉大な到達点であるだけに、日本人にとって特別な存在である。そのためか戦後開発機もその影響から逃げられなかった。例えばF-1支援戦闘機の場合、零戦開発メーカーの三菱製ということもあって、「ゼロからワンへ」なんてキャッチが使われたし、F-2戦闘機なんかは支援戦闘機みたいな言い訳が必要なくなった開放感も作用して、「平成の零

【F-1支援戦闘機】 戦後初めて独自開発された第3世代ジェット戦闘機。1977年より航空自衛隊に配備され、2006年には後継のF-2戦闘機に座を譲る形で全機退役している。

【F-2戦闘機】 ジェネラル・ダイナミクス社製F-16をベースに開発された日本の第4.5世代戦闘機。戦闘機としては世界有数の対艦戦闘能力を有しており、現在も航空自衛隊によって運用中である。

戦」なんて呼ぶ向きもあった。技術は技術であり、ことさらにノスタルジーを喚起する必要はないのだけれど、それだけ零戦が一般向けにもわかりやすいアイコンということなのだろう。

プロゴルファー堀越!?

零戦の主任設計者として有名な堀越二郎の人となりを知るのは難しいが、ゴルフの腕前は一流だったというのがちょっと意外。イギリス技師団が持ち込んだゴルフは三菱社内にも愛好家の輪を広げ、広大な敷地の一部が練習場になっていたのだ。昼休みになると、堀越は一人黙々とクラブを振ることが多かったそうで、きっと沈思黙考型の性格にマッチしていたのだろう。腕も確かでハンディは12。クラブ選手権の予選で優勝するほどであった。

降着装置の功罪

七試艦上戦闘機の開発に失敗した日本海軍は、三菱重工に対して九試単座戦闘機の

【堀越二郎】 三菱内燃機（のちの三菱重工）に勤務し、九六艦戦や零戦などの設計主任を担当した、日本を代表する航空技術者。戦後初の国産旅客機「YS-11」の設計にも携わった。

【九試単座戦闘機】 堀越二郎設計主務による2作目の試作戦闘機で、のちに九六式艦上戦闘機として結実したもの。

試作を指示した。艦上機という名をあえて外したのは、まずは戦闘機として一流のものを作れという意味であった。九試単戦の設計に際し、堀越技師は重量増加と空力抵抗の軽減のバランスを考慮して降着装置を固定式とすることにした。アメリカの連邦航空局の実験によれば、固定式降着装置は、航空機にかかる空気抵抗の実に40%を占めることが判明している。堀越技師には重い決断であっただろう。裏を返せば、日本の引き込み脚開発技術が低かった証明でもあるが。とはいえ、残した固定脚が良い感じでエアブレーキになって巴戦時の旋回率向上に寄与したというのだから面白い。

幻の零式大艇？

戦闘機開発で名を上げた堀越だが、三菱航空機は当初、彼を大型飛行艇の設計にあてるつもりで基礎研究をおこなわせていた。小型作戦機に比べると数は出ないが、一機あたりの利益が大きく、会社の経営安定に寄与するだろうと期待していたのだ。しかし海軍はメーカー毎に得意分野を持たせる方針であったので、ついに三菱に大型飛行艇の開発機会は巡ってこなかった。

【三菱航空機】 三菱航空機は、１９１９年に三菱合資会社神戸造船所から独立した三菱合資会社神戸内燃機製作所を皮切りに、１９２０年に三菱内燃機株式会社が設立され、１９２１年に三菱内燃機製造株式会社と社名変更（10式トリオが開発された頃）、１９２２年には三菱航空機株式会社と目まぐるしく社名変更されたが、１９３４年には三菱造船株式会社と合併して三菱重工業株式会社となっている。だから零戦が開発された頃の社名は三菱重工だ。

知ってると得する飛行機トリビア

3

ちょこっと小話

ケタ違いのお金持ち

日米ライバル比較に視野を変えると、例えばアメリカ海軍のF6Fヘルキャットは、1機3万5000～5万ドルとなっている。価格変動は戦争後半に大量生産が進んで安くなったから。問題は円ドル換算の方法。戦前は1ドル＝4円だったので、ヘルキャットは14～20万円となる。だけど日米開戦後は国力の違いから通貨価値がどんどん変わっていたはずで、交戦中は比較もできないから、額面から兵器の価値を推し量るのが難しい。ちなみにP-51マスタングは5～6万ドルと高値安定なんだけど、その価値は充分にある戦闘機だった。

愛知D3A 九九式艦上爆撃機

零戦、九七艦攻という真珠湾トリオの一角として、第一次攻撃では飛行場を強襲して無力化し、第二次攻撃で敵艦艇に追撃を加えた九九艦爆の開発経緯は以下の通り。

1924年に一三式艦上攻撃機を開発して以来、日本海軍は艦上戦闘機と艦上攻撃機の2本立てで空母搭載機を開発していたが、欧米で急降下爆撃機が実用化されると、これをそのラインナップに加えた。こうして開発されたのが九四式艦上爆撃機であり、改良型の九六式艦上爆撃機を経て登場した全金属製単葉機が九九艦爆であった。

九九艦爆の最大速度は、1939年に制式化されたSBD-1ドーントレスに匹敵し、航続距離では上回っている。250kg爆弾までしか搭載できないのは物足りないが、機動部隊が健在であった大戦初期はもちろん、マリアナ沖海戦においても空母『隼鷹』と『飛鷹』の主力艦爆として参加している。

1942年のセイロン沖海戦で、空母『赤城』より発艦中の九九艦爆。この海戦で、南雲機動部隊の艦爆隊はイギリス海軍空母『ハーミーズ』撃沈の戦果を挙げた。

【急降下爆撃】 第1次世界大戦で爆撃機が登場して以来、攻撃法は水平爆撃が一般的であったが、これは命中精度が低いのがネックであった。そこで、爆弾を抱えたまま急角度で目標へ降下して投下する爆撃法が考案された。

【SBD-1ドーントレス】 ダグラス社製の急降下爆撃機、偵察機。実際に戦闘に参加したのは、改良版であるSBD-3からで、第二次世界大戦中のアメリカ海軍急降下爆撃機を代表する機体である。

【隼鷹】 建造途中であった客船『橿原丸』を改造し、空母とした隼鷹型航空母艦の1番艦。

【飛鷹】 『隼鷹』の姉妹艦。1944年のマリアナ沖海戦において米艦載機の襲撃を受け沈没した。

九九艦爆の二つの爆弾：陸用爆弾

九九艦爆の主兵器は250kg爆弾だが、海軍では用途に合わせて2種類が用意されていた。「陸用爆弾」は名前のとおり陸上目標の爆撃用だけど、当初は広範囲への効果を狙った炸薬量偏重（全重の6割）の設計で、爆発力はあったものの、コンクリート製建造物などへの威力が弱かった。そこで貫通力重視で開発されたのが九八式陸用爆弾で、炸薬こそ弾重の4割に抑えられたが、弾殻を強化して400㎜厚のコンクリートを貫通できるようになり、急降下爆撃の精度と相まって良好な結果を残している。

九九艦爆の二つの爆弾：通常爆弾

日本海軍においてもっぱら艦船の攻撃に使用されたのが「通常爆弾」だ。艦船を効果的に攻撃するには貫通力が重要だが、急降下爆撃用の250kg爆弾には大きな撃速は作れず、いわゆる徹甲爆弾は用意されなかった。それでも当初の通常爆弾は50㎜程度の装甲貫通力しかなく、これでは力不足に過ぎた。1935年には炸薬量を大幅に減らして、貫通力を高めるために弾殻を強化した九九式通常爆弾が登場。この爆弾が九九艦爆の主

航空母艦『飛鷹』

航空母艦『隼鷹』

SBD-3ドーントレス

要爆弾となったのである。

見事に二社が採用された九七式艦攻

九試艦攻の競争試作に、担当者が手を抜いたとは思えないけど、会社としてはダメージの小さな低予算プランで逃げ切りを図った感が隠せない三菱、中島の両社に対して海軍は不採用の判断を下し、はやくも翌年に十試艦攻の競争試作を命じる（間に合わせに空技廠で九六艦攻を開発）。わかりやすい懲罰感が溢れる要求に、さすがに両社とも本気で取り組んだ結果、十試艦攻は目が覚めるような傑作機になり、中島製が九七式一号艦上攻撃機と、三菱製も補助機材として九七式二号艦上攻撃機と、両方が制式制定されるに至っている。

日中戦争を過小評価するなかれ

九六式陸攻は第二次上海事件で現地に孤立した陸戦隊の支援のため、台湾や九州の基地から出撃した渡洋爆撃で一躍名を馳せた。この作戦は成功ではあったが、反面、

【第二次上海事件】 1937年7月7日の盧溝橋事件に端を発して緊張していた日中関係であったが、各地での小競り合いのすえ8月13日に上海で勃発した両軍の激突のこと。

【陸戦隊】 もとは日本海軍の艦艇の乗員から、地上戦のため臨時に兵員を抽出して編成されたものだったが、せいぜい艦内には舷門警備用の小銃が数丁あるくらいであり、しだいに常設の陸戦隊が編成されるようになった。アメリカの海兵隊と同義に扱われることがあるが、あちらが独立した軍隊であるのに比べ、陸戦隊はあくまで海軍部内での陸戦兵力である。

護衛戦闘機がいない爆撃機のみの作戦は、非力な敵戦闘機にさえ大損害を受けてしまうことも明らかになったため、泥縄的に支援戦闘機となる十三試双発陸上戦闘機の開発が急がれたりと、誤算だらけでもあった。海軍が当初期待していた陸攻の運用が現実的でないことは、実は太平洋戦争以前から判明していたのであった。

せっかく開発した十三試双発陸上戦闘機だけど、零戦が八面六臂の活躍をしたために肝心の出番はなかった。加えて、単発機より運動性で劣る双発戦闘機では、陸攻の護衛任務に堪えないことは、開発中に判明していた。そこで、開戦直後に十三試双発陸上戦闘機は二式陸上偵察機として採用されることとなり、のちに夜間戦闘機「月光」として生まれ変わることとなる。爆撃機護衛から爆撃機迎撃という、当初とは正反対の任務に就くこととなったのである。

乗るしかなかった、この流行に

大型の機体に大量の燃料を積み、2基のエンジンで高速を発揮するという双発多座戦闘機のコンセプトは、１９３０年代中盤にヨーロッパで花開いた。この話を聞いた日本陸海軍も、即座にその開発に乗り出したのはご存知の通り。とまぁ、ここまではよいのだけど、すでに陸軍がキ45（後のキ45改）の開発に着手しているのに、海軍が似たような十三試双発陸上戦闘機をダブって開発していた効率の悪さには頭が痛い。

日独で同時に生まれた斜銃

夜間戦闘機に転用されることで、後に重爆キラーへの道が開けた二式陸上偵察機改め月光であるが、必殺の装備である斜銃は、ほぼ同じタイミングでドイツでも双発戦闘機に導入して大成功している。ただし斜銃の有効性は古くから認められていた。上方にも撃てる旋回銃塔は第一次世界大戦の頃からイギリスで盛んに導入されていて、月光と同じような方法で戦果をあげていたからだ。第二次世界大戦の緒戦でも、旋回銃塔を備えたボールトンポール・デファイアント複座戦闘機がドイツ爆撃機の阻止にある程度成功している。

創られたB-29撃墜王

本土防空戦で活躍した月光だが、きってのエースといえば第三〇二海軍航空隊の遠

【キ45／キ45改】 日本陸軍が川崎航空機に開発を命じた双発戦闘機であったが、完成した試作機の性能は芳しくなく、大幅な改修を施して制式制定されたのがキ45改。屠龍という名前は新聞で公表された愛称で、正式名とはなんの関係もない。

【ボールトンポール・デファイアント】 第二次世界大戦前に開発された、イギリスの複座戦闘機。戦闘機でありながら固定武装をもたず、後方の旋回銃座のみで戦うという異色のコンセプトの下に生まれた。

デファイアントの旋回銃座

藤幸男大尉（死後中佐に昇進）。公式には6機撃墜、10機撃破ということでドイツ防空戦のエースにも遜色ない実績だけど、実は遠藤大尉は作られた英雄だ。中国奥地から北九州へと来襲するようになったB-29を邀撃するため、大村基地へ派遣されていた1944年8月20日の出撃の後、敵損傷5機と報告したところ、これが「撃墜2、おおむね撃墜確実1、小破3」として部隊の戦時日誌に書き込まれてしまったのである。これは撃墜破48機（!?）という陸軍の戦果に焦った海軍が、遠藤機の不明戦果を水増ししたものであった。

追い詰められた撃墜王

厚木基地の三〇二空本体へ復帰した遠藤中尉は「B-29撃墜王」として英雄に祭り上げられるようになった。遠藤中尉はいわゆる特務士官であったが、こうした戦功により1944年12月23日付けで士官に任命。海軍兵学校出身者と同格扱いとなり、さらに海軍大尉に進級した。この間の彼の気持ちは知りようがないが、彼は負わされた英雄像を追うかのように激しい出撃を繰り返した。1945年1月に戦死するまでの部隊の公式スコアは撃墜6、撃破10。ところが死後感状を出した横須賀鎮守府は撃墜8、撃破8と内容を水増ししている。もっとも、アメリカ側の損害を照らし合わせた確実な撃墜は、

【B-29】 1944年末から日本本土に来襲するようになった、ボーイング社の四発重爆撃機。夜間焼夷弾爆撃の他、機雷投下による海上封鎖にも用いられた。

【予科練】 海軍飛行予科練習生の略称。戦争における航空機の重要性が高まったことを受け、熟練した搭乗員を若いうちから育成するために設立された制度。14歳から17歳までの少年を試験で選抜し、最終的には2万人以上もの若者が戦地へと飛び立っていった。

【横須賀鎮守府】 日本海軍が定めた拠点は軍港や要港と規定されたが、横須賀軍港を拠点として東日本から北海道までの防衛を司りつつ、海軍工廠を管理し、人員の管理を行ったのが横須賀鎮守府。第三〇二空は横須賀鎮守府直轄の航空隊であった。

戦死時の1機のみであることが判明している。なんとも後味悪いエピソードだ。

零夜戦を忘れるな

夜間戦闘機「月光」の成功に触発されて開発されたのが零夜戦だ。その名の通り、零戦の夜戦バージョンであるが、ドイツのリヒテンシュタイン的な対空レーダーなどを装備するわけではない。では何が夜戦なのかというと、操縦席後方に月光と同じ九九式二〇粍機銃を斜めに搭載して、発砲の衝撃から機体を守るために後方キャノピーに金属カバーを施しただけのもの。

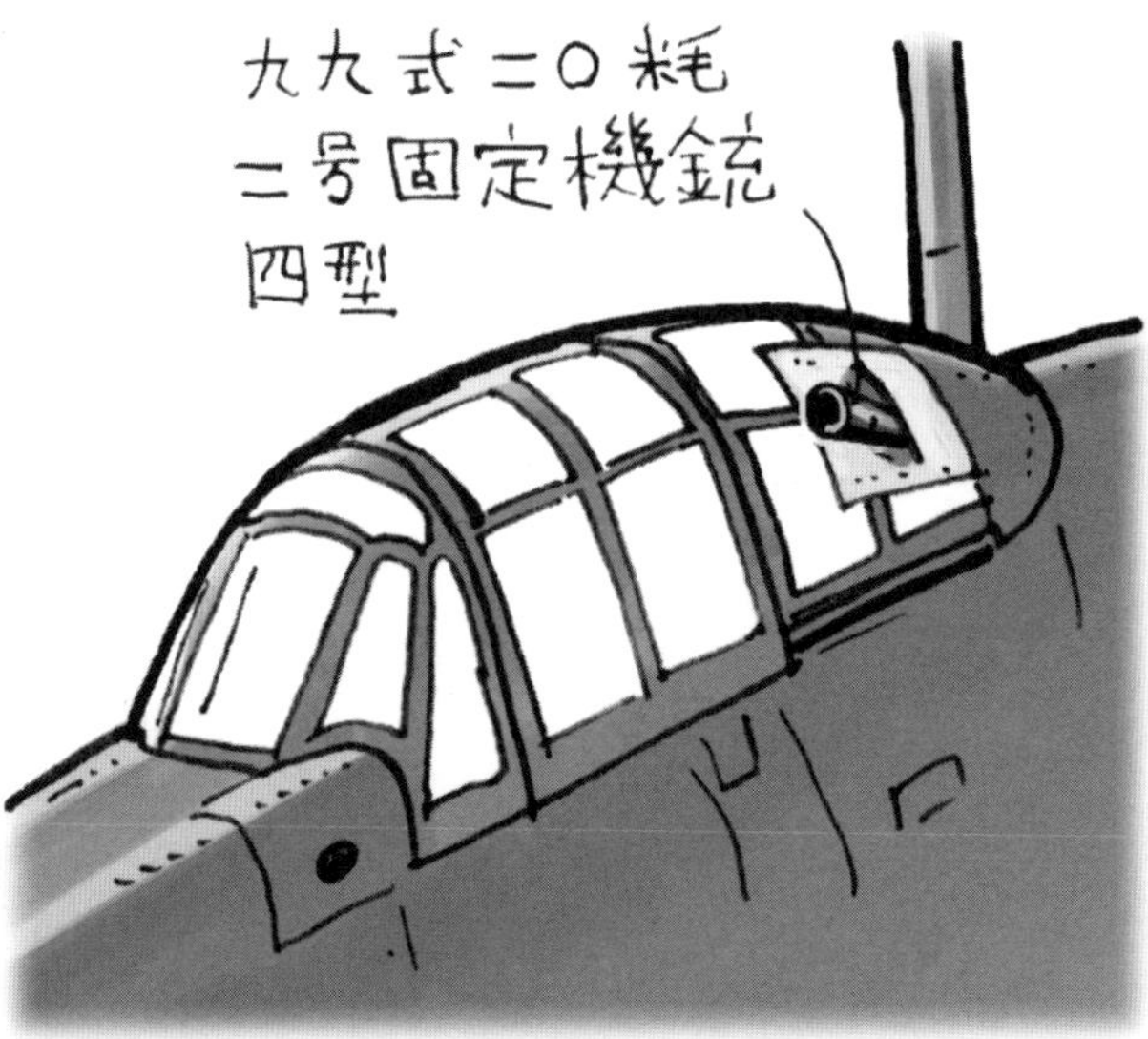

【リヒテンシュタイン】 第二次世界大戦中、ドイツが開発した航空機搭載用のレーダー。正しくは「FuG202リヒテンシュタインBC」。He219ウーフーといった夜間戦闘機が使用した。

取り付けの角度は機体の基準水平線から仰角30度で、これも月光と同じだ。非公式の改造機だけに資料が少なく、零夜戦の製作数は「極少数」としかわからない。さらに恐ろしいことに、雷電にもこの斜銃が搭載された例がある。

「零戦の操縦席後部または胴体左舷に九九式二号四型二〇粍機銃1挺を搭載して夜間戦闘機に改修された機体」と説明される零夜戦。なぜレアな機体の上に二種類の取り付け方があるかというと、当初、斜銃は上方だけでなく機体中央の基準線から見て左方向にも角度が付けられていたからだ。これは敵機から見て少しでも対空機銃を当てにくくする工夫であり、零夜戦の生存性を向上させるために考案されたものだ。しかしこれが暴発して主翼に乗っていた整備員が殉職する事故が発生したため、以降「操縦席後部」に移設されたのである。

局地戦闘機はガラパゴス

主要各国海軍の航空部隊は、洋上作戦に不可欠な軍用機のみを専門的に運用するという枠組みに縛られていた。言うなれば、陸上への爆撃や防空戦闘は空軍ないし陸軍航空部隊が担うべき役割というのが常識であったのだ。ところが、英米に保有艦艇の規模で劣勢を強いられた日本海軍では、陸上基地から運用する航空機の戦力で補おうとしたため、敵艦隊を洋上で雷撃する陸上攻撃機を保有し、敵の爆撃から基地を守る防空任務に局地戦闘機を開発するなど、泥縄的に組織が肥大化した。局地戦闘機とはあくまで基地防空のための機材ですよと言う建前から生じた、日本海軍独自の分類である。

何でも屋さんの日本海軍機

本来は補助的な任務に携わるはずの海軍基地航空隊だが、マレー沖海戦で陸攻隊がイギリス東洋艦隊の戦艦2隻を一挙に撃沈したり、基地航空隊の零戦が異常な航続距離を活かして侵攻作戦の決定打になったり、基地防空の延長としてB-29の迎撃に雷電が出撃したりというのが日本の戦争だった。だから戦史を見るとあたかも日本の航空主力は海軍機が担っていたように見えてしまうけど、これは本来、邪道的な運用である。戦後のアメリカでは陸軍航空が発展して空軍となったが、もし日本が太平洋戦争を引き分け以上に持ち込めた場合は、空軍創設に海軍が相当に横やりを入れてくることになっただろう。

【局地戦闘機】 日本海軍の戦闘機は長らく艦上戦闘機1本であったが、日中戦争での戦訓から艦載能力を持たない陸上戦闘機も必要として新たに設けられたのが局地戦闘機。大戦後半には乙戦闘機とも呼称された（艦上戦闘機は甲戦、夜間戦闘機は丙戦）。

【マレー沖海戦】 太平洋戦争開戦3日目の1941年12月10日に日本海軍の中攻隊によりイギリス海軍の戦艦『プリンスオブウェールズ』、巡洋戦艦『レパルス』を撃沈した戦い。真珠湾攻撃が停泊状態の戦艦を奇襲したものに比べて、作戦行動中の戦艦を航空攻撃だけで撃沈したことは世界中の海軍関係者を驚かせた。

戦後、シンガポール近郊に残っていた2機を接収したイギリス空軍によってテストされる雷電。第三八一海軍航空隊所属の機体と思われる。

三菱 J2M3 雷電

局地戦闘機はレーダーや哨戒機などで敵を発見してから出撃するため、速度と上昇性能が肝となる。事実、九六式艦戦など通常の戦闘機の上昇性能では迎撃に間に合わないことが日中戦争で判明していた。そこで1939年9月から十四試局地戦闘機の名で三菱に試作が命じられたのが雷電である。設計主務は零戦で名を馳せた堀越二郎だ。

上昇性能には大出力エンジンが必要。しかし空冷エンジンでは高出力化は直径の増大、すなわち空気抵抗の増加を意味する。そんな大直径の「火星」エンジンの空気抵抗を抑えるため、堀越技師は胴体を紡錘形にして、もっとも太くなる場所に操縦席を設けた。それでいて、主翼面積は零戦より小さいので、雷電はロケットのような外見の戦闘機となった。

【火星】 三菱重工の航空機エンジンの名称でほかに瑞星や金星がある。火星エンジンはもとは一式陸攻や二式飛行艇などの大型機用に開発された大直径の大馬力エンジンであったが、それゆえに強風や天山などの大戦後半に登場した機体にも搭載された。

【第三八一海軍航空隊】 1943年10月に雷電を装備することを目的に編成された最初の航空隊。すぐに横須賀海軍航空隊へ赴いて操縦訓練を開始したが、肝心の雷電が揃わないばかりか、訓練中に原因不明の空中分解を起こしたため同年末に零戦装備で南西方面へ進出。雷電を手にしたのは1944年7月末になってからだった。

旧海軍での雷電の座席

乙戦、つまり敵の迎撃をもっぱらとする海軍の局地戦闘機に「雷／電」を連想させる名称が付けられることになったのは１９４３年中期以降のこと。このルールの下に紫電、震電、天雷なんかがいるわけだけど、嚆矢となるＪ２Ｍ１が雷電という、ある意味で全部入りの名前をとってしまったあたりが面白い。ちなみにＪは陸上戦闘機、数字は開発順序の意味で、栄えあるＪ１は月光の母体となった十三試双発陸上戦闘機のことだ。ところで、上昇力優先で高翼面荷重の雷電は扱いにくかったことで知られ、零戦からの転属組には離陸だけでも命がけだったなんて証言が山ほど残っている。そういえば空自への導入に合わせ、Ｆ-35ＡライトニングⅡを「雷電Ⅱ」と呼ぼうなんて動きもあったりなかったり。

局地戦闘機「雷電」の戦い方（その1）

迎撃戦闘機には上昇性能が必須というのは何度も書いているけど、敵機と同じ高度に到達してからの戦闘能力も重要だ。雷電の場合、高翼面荷重による旋回性能の悪さ

【翼面荷重】単純に考えて機体の重量を翼面積で割った数値。翼面荷重が低ければ低速度でも機体が安定したり、運動性もよくなり、高くなるとより早く飛ばなければ機体が安定せず、宙返りなどの性能も落ちることになる（横転性能は別）。

【天雷】十八試双発陸上戦闘機として開発がはじまった局地戦闘機。試作6機が製作されたが、海軍の要求を満たすには程遠く、１９４５年2月に開発中止が命じられた。

【F-35AライトニングⅡ】アメリカのロッキード・マーチン社が中心に開発した最新鋭のステルス・マルチロール機。通常型のF-35A、垂直離陸が可能なF-35B、空母搭載型のF-35Cと、大きく3つのバリエーションがある。

から、対戦闘機戦闘は苦手で、零戦とのコンビでなければ性能を発揮できないと審査された。迎撃戦闘機としての用途を考えるなら、ここで零戦との協同戦闘という発想が出るのがそもそもおかしいのだけど、当時はその辺の運用面での区別や差違について浸透していなかったので、現代の目線で批判するのは不毛。零戦が規格外に万能性と高性能を両立してしまったため、審査の基準が高すぎたのかも知れない。

局地戦闘機「雷電」の戦い方（その2）

太平洋戦争より前の１９３９年から開発がはじまっていたにもかかわらず、雷電の開発は遅延を繰り返し、１９４３年夏になっても戦力化のめどが立っていない。この間、水上戦闘機「強風」の陸上機版として開発されていた局地戦闘機「紫電」が追いついてしまったことも、雷電には不運であった。そもそも雷電は中国大陸の戦いで、海軍拠点を敵の空襲から守るという前提で開発スタートした機体である。順当に開発に成功していれば、雷電で迎撃戦闘機としての実戦データを蓄積した上で、太平洋戦争で得たであろう知見を紫電にフィードバックするという流れにもできたはずだからだ。

F-35 ライトニングII

中島 J5N 天雷

でぶっちょ戦闘機列伝

雷電の印象的な紡錘形の機体形状は、直径が大きな空冷火星エンジンの採用から帰結したものであるのは説明した通り。航空力学的には理にかなっているとはいえ、とにかく前方も側方も視界が悪いのが欠点であった。これを日本のエンジン技術の遅れと非難するのは簡単だが、ドイツ、フォッケウルフ社のＦｗ１９０なんかも似たような構造だし、アメリカさえ、Ｐ-47Ｄサンダーボルトや、Ｆ６Ｆは紡錘形のでぶっちょ戦闘機である。もっとも第二次世界大戦期の米海軍機は皆空冷エンジンなので似たり寄ったりだけど。ちなみに戦後に雷電をテストしたアメリカのパイロットは「エンジンパワーが貧弱」なこと以外、違和感はなかったとのこと。そりゃそうだ、あちらは２０００馬力超えの大出力エンジン。雷電は日本なりには頑張ったんだろうけど、所詮は１８００馬力止まりだった。

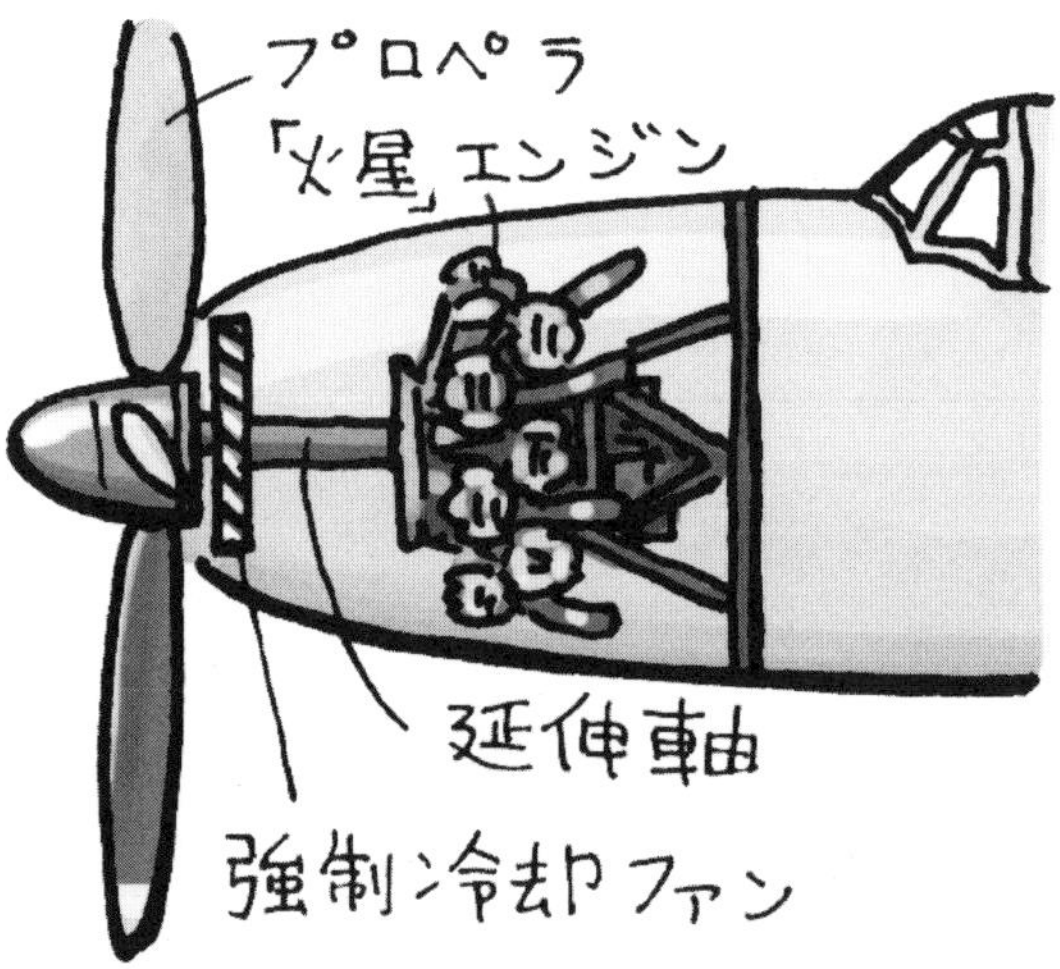

【Ｆｗ１９０】ドイツ、フォッケウルフ（正確にはフォッケヴルフ）社が開発した空冷単発戦闘機。メッサーシュミットＢｆ１０９が華奢な構造に、膠着輪の幅も狭く、不整地での使用に適さなかったのに対し、Ｆｗ１９０は頑丈で武器の積載量も多く、中高度まで戦闘で強みを発揮。ドイツ空軍戦闘機の柱として様々な戦場で活躍した。

【Ｐ-47サンダーボルト】リパブリック社製の単座戦闘機。爆撃機護衛や対地攻撃を主任務として、第二次世界大戦中、ほぼ全ての戦域で活躍した。サンダーボルトの名は、現役の対地攻撃機Ａ-10サンダーボルトⅡにも引き継がれている。

視界を正せば速度が落ちて

とかく紡錘形の胴体形状と操縦席の位置関係から視界が悪かったと悪評がついて回る雷電。もっとも同じような形のＦ６Ｆなんかと比べると大差はなさそうなんだけど、格闘戦遺伝子がすり込まれた日本海軍パイロットには死活問題。そこで雷電三一型では、風防頭頂を大型化して、操縦席前方左右の機首の丸みを削って平面形にした。ただ、この結果、空力上では正解の紡錘形を大きく損ねて空気抵抗が激増し、ただでさえ非力なエンジンに負担をかけて速度低下を招いている。あっちを直すと今度はこっちが悪くなるの典型だ。本当に飛行機って難しい。

油田上空を守り抜け！

本土防空戦のイメージが強い雷電だけど、占領地、特に戦争資源として最重要の南方油田地帯も敵の攻撃が懸念されるために、初の雷電装備の外地配備部隊となったのが、ボルネオ島バリクパパンの第三八一海軍航空隊だ。とはいえ、大戦後期の日本軍の常として、部隊編成はできても機材が揃わないという期間が長く続き、配備が始まったのは

P-47 サンダーボルト

Fw190

１９４４年夏のこと。それでも燃料の石油だけは捨てるほどあるので、訓練は急ピッチで進み、間もなく迎撃もこなすようになっていた。飛来してくる敵もP-38やP-47といった、航続距離性能には優れているけれど空戦巧者ではない戦闘機であった為、互角以上に渡り合うことができたのだ。前線拠点を敵の襲撃から防衛するという、中国で得られた戦訓に基づいた配備であり、海軍としては雷電開発の本来の目的通りに運用できた部隊であった。

2種類の20㎜機銃の謎（その1）

二一型になって火力が大幅に強化された雷電だけど、高速性能を得るため、あえて主翼面積を小さくした翼内に20㎜機銃を積み増ししなければならなかった。この際に、雷電は2種類の機銃を搭載している。主翼の内側には九九式二十粍二号固定機銃四型を、外側には同一号四型を配置したのである。同じ口径の機銃なのに名前が違うのはどういうことなのか。海軍は１９３５年にエリコンＦＦ20㎜機関砲の導入を決定。大日本兵器株式会社がライセンス権を購入した。これが九九式二十粍一号固定機銃で、零戦一一型や二一型の翼内機銃に採用されて、大戦初期に猛威を振

【エリコンＦＦ20㎜機関砲】

スイスのエリコン社が開発。連合国、枢軸国の境目なく使用され、ベストセラーとなった航空機関砲。本機関砲をベースに、対空砲や対戦車砲も製作された。


【大日本兵器株式会社】

海軍艦艇の建造を請け負っていた浦賀船渠が出資して１９３８年に創立した会社。戦後、日平産業株式会社と改称。

るったのであった。

2種類の20㎜機銃の謎（その2）

ただ、一号固定機銃は威力は抜群ながら初速が低く、弾道の直進性も悪かった。これを改善するための研究が続けられ、開戦直前の１９４１年９月に長銃身型の開発に成功、これが二号固定機銃となった。つまり、翼の内側に長銃身型、外側に短銃身型を配置することで、雷電の小さな翼でも20㎜機銃を4挺装備できたと考えたいところだが、雷電はそこまで設計が窮屈なわけではない。この九九式二十粍二号固定機銃は、戦争中盤以降の主力になった零戦二二型以降の装備となった。つまり海軍機の生産現場では二号銃の需要が逼迫していて、雷電用の数が確保できない可能性があった。

2種類の20㎜機銃の謎（その3）

一号機銃の需要が減ってだぶつく一方、二号機銃が足りないという、生産計画の過渡期にあったために、1機で4挺も20㎜機銃を装備する雷電二一型については、一号と二号を2挺ずつ装備する折衷案で生産されることとなったのである。ただし一号機銃と二号機銃は、口径こそ同じだけど、使用する弾薬が違っていて、二号機銃の方が3㎝ほど長い。整備兵はそうした弾種の違いに注意して装塡せねばならず、これが整備性の低下を招いた。また補給にも相応の負担と混乱を来したうえに、弾道特性の異なる機銃の混載は命中精度の低下にもつながってしまう。いずれにしても、なんとも貧乏くさい話である。

2種類の20㎜機銃の謎（その4）

ところで零戦の初期タイプに搭載された一号機銃は、威力抜群ながら装弾数が少ないのが泣き所であった。また装弾数も少なくて、当初は弾倉には60発しか入らなかったが、これを１００発に増やしたものが零戦三二型に搭載された。また装塡方法も空気式から

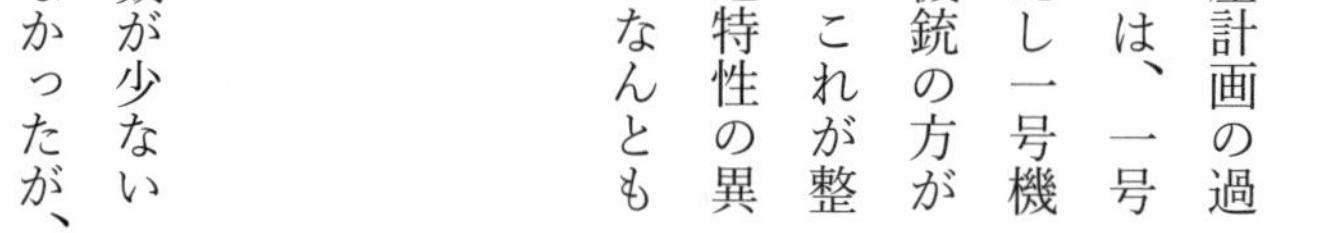

九九式一号二十粍固定機銃、下が九九式二号二〇粍固定機

電気式に変更されて、一号三型機銃となった（一型は輸入された個体、二型は同じタイプを国産化したもので、60発弾倉と100発弾倉がある）。だが、より根本的な装弾数増量のため、1941年末からは給弾ベルトの実用化研究が始まり、1942年9月に試作が完成、翌年になってようやく実用化され、これを装備した機銃が四型として制式化されたのであった。零戦では五二型甲以降がこのベルト給弾式となる。

現存する雷電

総生産数621機と、制式制定された戦闘機としてはかなり数が少ない雷電の現存機は世界に1機しかない。それがカリフォルニア州チノのプレーンズ・オブ・フェイム航空博物館に静態保存されてある雷電二一型である。エンジンも稼働可能とされていたが、「火星」エンジンの部品が入手できないため、飛行復元は断念されている。残念ではあるが、機体の希少性を考えれば当然の判断だろう。この博物館には飛行可能状態の零戦五二型があることでも知られる。図らずも堀越技師が設計主務として開発した2種の戦闘機が並んでいるわけで、海軍機ファンには夢のような場所だ。

【給弾ベルト】 20㎜機銃の弾倉はいわゆるドラム型であったが、装弾数が限られるためベルト給弾式の開発が進められていた。これは零戦では五二型甲から搭載されたが、主翼強度にも関係することなのでなかなか簡単に換装できるものではなかった。

【プレーンズ・オブ・フェイム航空博物館】 アメリカのカリフォルニア州チノにある航空博物館で、150機以上の飛行機が展示されている。その内の30機ほどが飛行可能な状態で維持されており、さらに希少機の復元作業も進行中。

愛知 B7A 流星

　大出力エンジンの開発や航空機の設計理論が進むと、航空機の性能は大幅に向上し、従来の艦上攻撃機と艦上爆撃機の両方の性質を持つ艦上機の開発も現実味を帯びて来た。流星はこのような技術の進歩に歩調を合わせ、急降下爆撃もこなせる攻撃機として開発された機体だ。流星の外見的な特徴は、機体正面から見て主翼がW字になった逆ガル翼である。これは胴体内に爆弾倉を持たせるため、主翼を中翼に配置しなければならないという事情が生んだ形状だ。しかし、主翼をはじめとする各種の新機軸は機体の重量増加や構造計算の失敗を招き、量産化は１９４４年４月までずれ込んでしまう。

　しかも艦攻と艦爆の任務を同一機種で運用するための準備がまったく進まず、流星はマリアナ沖海戦はもちろん、沖縄戦にも間に合わなかった。総生産機数は１１１機に留まり、数少ない実戦も神風特別攻撃に終始してしまった。

航空魚雷を抱えて飛行中の、横須賀海軍航空隊の流星（ヨ-231）。爆弾倉を備え持っていたが、魚雷は写真のように外に吊り下げて搭載された。

【逆ガル翼】 カモメの翼のような主翼形状をガル翼と呼ぶが、逆ガル翼はその逆形。利点として、より大型のプロペラの搭載や、主脚をより短く頑丈できるため、艦載機によく見られる翼形である。

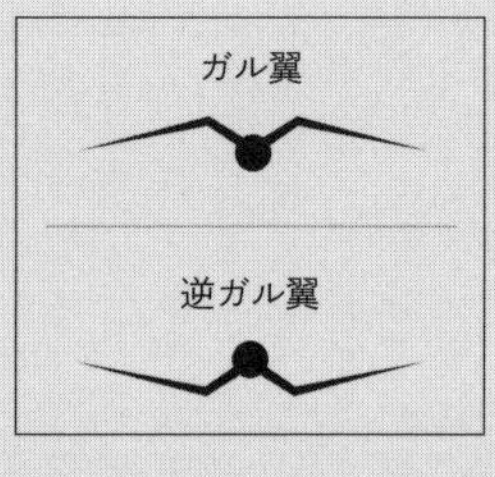

【沖縄戦】 第二次世界大戦末期、沖縄諸島に侵攻した連合国軍と、防衛する日本軍の間で起きた一連の戦闘。1945年4月1日の上陸作戦は、太平洋戦線において最大規模のもので、2ヶ月に及ぶ激戦の幕開けとなった。

表舞台の「流星」

流星は日本機ばなれした逆ガル翼のスタイリングからファンを魅了してやまないが、実戦配備が終戦直前にまでずれ込んでしまったため、その戦歴はほぼ不明だ。数少ない記録としては、イギリス空母中心の第37機動部隊に対して、１９４５年７月25日に木更津基地にいた第七五二海軍航空隊所属の流星12機が薄暮攻撃を敢行したことがわかっている。イギリスの記録ではＦ４Ｕコルセアが迎撃して、４機の流星を撃墜したとのことだが、やはり流星を持ってしても、戦闘機の援護がない艦隊攻撃は困難であったということなのだろう……。

流星の道を拓く物語

と、ここまでが流星を巡るいわゆる定説だ。ネットを掘っても、せいぜい出てくるのはこのようなことまで。それを突破するのが『流星戦記（吉野泰貴著／大日本絵画刊）』だ。吉野氏は、流星の唯一の装備部隊である攻撃第五飛行隊の足跡を丹念に追い、生存者への聞き取り調査を重ねて、流星について知りうる限りを刻み込んでいる。

【第七五二海軍航空隊】 第七五二海軍航空隊はもともと第一航空隊という特設航空隊が改称したもの。１００の位の数字の「７」は陸攻隊であること、10の位の数字は呉鎮守府所属部隊であること、１の位の数字が偶数であることは特設航空隊を指している。１９４４年後半から木更津に展開し、終戦時には流星装備の攻撃第五飛行隊と、彩雲装備の偵察第一〇二飛行隊を指揮下に置いていた。

【Ｆ４Ｕコルセア】 アメリカのチャンス・ヴォート社による戦闘機。初期の機体トラブルや着陸時の視界不良といった問題から、艦上戦闘機としての主力の座はＦ６Ｆに譲ったものの、太平洋各地で日本軍相手に猛威をふるった。朝鮮戦争でも使用され、ＭｉＧ-１５ジェット戦闘機を相手に健闘している。

ここでは7月25日の攻撃についての記載を抜粋してご紹介する。

　7月25日の出撃は4機編制の3個区隊であったことが判明した。ただ不可解なのは、各区体の1~3番機には８００kg爆弾による必中爆撃が命じられると同時に、4番機のみ特攻攻撃を命じられたことだ。特攻隊への戦果確認機の随伴は当初からあったが、特攻隊には指揮官が先頭に立つことが大前提。ところが流星隊では、各区隊でもっとも未熟な部下にのみ特攻を命じるという、異常な命令下での初陣となったのである。

　実は7月25日の攻撃には、同じ攻撃第五飛行隊から航空魚雷を装備した第二次攻撃隊がが発進している事が明らかになった。これは当初、爆装の12機が第一次攻撃隊として敵艦隊に損傷を与え、とどめとして雷撃を敢行するという二段構えの作戦であった。しかし、この時間差により天候は悪化して敵艦隊の捕捉に失敗。4機は無事帰投したが、1機が陸軍の明野飛行場へ不時着して大破した。作戦は失敗だったが、流星は開発コンセプトどおりに艦爆、艦攻として使用されたのであった。

流星をうちあげろ!

大戦後半にかけて、日米両軍の艦載機は大型化、高性能化が進み、従来のように空母が風上に向かって全力で航行して生み出す合成風力でも滑走距離が足りなくなった。天山艦攻や流星艦爆になると、満載状態では翔鶴型空母でも通常発艦が極めて困難となる。アメリカはこれを油圧カタパルトで解決したが、日本海軍ではロケット補助推進離陸（ＲＡＴＯ）による解決を図った。１９４４年までにＲＡＴＯを使えば滑走距離を数十ｍ短縮できる効果が確認され、以降の機動部隊の作戦では全面的に使用されることになったが、この頃になると訓練で洋上に出るのも危険であり、結局は一度も使用されないまま終わった。

空技廠D4Y 彗星

その独特な機首形状から分かるように、彗星は日本の艦上機では珍しい液冷エンジンを搭載した艦上爆撃機である。彗星の原点は古い。帝国海軍は当初、新型艦爆の設計をドイツのハインケル社に委託していたが、この十試艦上爆撃機が中断したため、同社のＨｅ１１８急降下爆撃機をベースに日本で開発し直す事になった。液冷エンジンが生む細身で流麗なフォルムや、層流翼理論を取り入れた主翼により、最高速度は零戦さえも上回り、爆弾も５００kgまで搭載可能になった。

もっともこれらの高性能はカタログ上のもので、実際には電気系統の故障が多くて前線の整備能力には手に余ることが多かった結果、全力出撃は１９４４年のマリアナ沖海戦まで遅れてしまったのだ。これを見越してつなぎで生産された九九艦爆が安定した戦力を発揮したの

愛知航空機製「アツタ三二型液冷エンジン」を搭載した彗星一二型。

【He118】　ハインケル社による試作急降下爆撃機で、Ju87との競作の結果、採用が見送られることとなった。試作された機体の内、2機が日本陸海軍に売却された。

【液冷エンジン】　構造上エンジン(特に飛行機に用いられるような大出力のもの)は高熱を発するが、その冷却のために水、ないしはその他の液体を用いるタイプのエンジンを指す。冷却を飛行中の風によって行なうものは空冷エンジンと呼ぶ。

は幸運であったが、それでも戦争中盤に彗星が間に合っていればと悔やまれる。

過ぎたるは及ばざるがごとし

傑作艦爆の彗星だが、その最大の弱点は、本機を傑作にしているはずのエンジンにあった。アツタ液冷エンジンの生産が間に合わず、いわゆる「首無し」の機体ばかりが倉庫に並ぶ羽目になってしまったのだから。そこで窮余の策として「金星」六二型空冷エンジンを搭載した彗星三三型が作られた。彗星の特徴である流麗なフォルムこそ失われ、最高速度もやや低下したが、前線での整備性など考慮すれば、むしろこちらこそ主力艦爆とすべきほどの高性能機であった。

彗星艦爆の戦果

苦心惨憺、１９４３年からようやく艦爆として配備され始めた彗星だが、戦局の悪化から大半は基地航空隊機として使用するほかなかった。結果として整備が貧弱な空母航空隊よりは稼働率は上がったと考えられるが、戦争後期には爆装しての急降下特

【金星】 三菱重工の航空機エンジンの名称でほかに瑞星や火星がある。金星エンジンは九九艦爆や九六艦攻などに搭載されたもので、大戦後半には馬力が向上した60系列が彗星三三型や陸軍のキ１００（五式戦闘機）に搭載されている。

【基地航空隊】 日本海軍の陸上基地航空兵力は戦闘機と陸攻が主力であったが、大戦中期に彗星や天山が実用化されて以降、また機動基地航空部隊として第1航空艦隊が編成されて以降、艦爆や艦攻も陸上基地から作戦するようになる（それまでは攻撃兵力としては限定的であった）。

攻という過酷な運命が待ち受けていた。中でも彗星四三型は、後部機銃を廃止して防御力を強化し、８００kg爆弾を搭載可能とした機体であったが、生産性を優先して単座型まで開発された事から、特攻仕様機と呼ばれてしまうことになった。

ちなみに１９４４年10月のレイテ沖海戦では、所属部隊不明の彗星がインディペンデンス級軽空母『プリンストン』に５００kg爆弾を命中させて、火災により自沈処分に追い込んだ。これが正攻法による日本軍最後の敵空母撃沈であった。

大輪を淡く咲かせて

１９４５年4月に沖縄戦が始まると海軍上層部はやむにやまれず特別攻撃へと狂奔したが、その中で可能な限り特攻を拒否し、通常攻撃による戦果を重ねたのが第一三一海軍航空隊所属の、いわゆる「芙蓉部隊」だ。同隊は前線から退けられた彗星一二型による夜間襲撃を得意として、沖縄戦以降も夜間爆撃などで戦果をあげていた。ただし指揮官の美濃部正少佐は人道的見地ではなく、あくまで攻撃効率の観点から通常攻撃を主張し続けたものであった。実際、終戦間際には特攻を想定した訓練も行なわれていた。

【レイテ沖海戦】 １９４４年10月24日から26日を主として戦われ、日米を合わせて史上最大兵力による海戦。神風特別攻撃隊が登場した戦いとしても有名。

【プリンストン】 インディペンデンス級軽空母の2番艦。レイテ沖海戦において、陸上基地からの発進が予測される日本軍機を警戒中に、突然攻撃を受け被弾。最終的には友軍の手によって自沈処分された。

【第一三一海軍航空隊】 １９４４年7月に編成された航空隊。戦闘第九〇一、八〇四、八一二飛行隊はこの一三一空所属となって戦力再建に入ったが、その際に本隊と別働して静岡県の藤枝基地に展開。沖縄作戦が始まると関東空部隊との名で九州へ進出した。「芙蓉部隊」とはこの3隊の愛称である。

知ってると得する飛行機トリビア

4

ちょこっと小話

宗一郎、翼を授ける

戦前、自動車修理工場を浜松で経営していた本田宗一郎は、1937年に勃発した日中戦争に触発されて、東海精機重工業株式会社を起こし、ピストンリング製造に乗り出した。納品先は自動車、船、航空機のエンジンメーカー全般であった。本人は航空産業を目指していたようだが、戦後、航空開発が禁止されると、オートバイ製造業の本田技研を創業した。この時から二輪車のエンブレムに使われた翼の意匠は、宗一郎が戦時中に追いきれなかった航空機事業への思いを託したものである。2003年に初飛行を果たした「ホンダジェット」はホンダ創業の時から一貫して目指していた夢の結晶なのだ。

中島C6N彩雲

日本海軍の航空偵察は従来、艦攻の流用で間に合わせてきたが、作戦の舞台が太平洋に広がると、本格的な偵察機が必要となり、１９４２年に十七試艦上偵察機が中島飛行機に試作発注された。要求の肝は敵新型戦闘機を意識した、時速６４８km、航続距離４６３０kmという過酷な飛行性能であり、中島では「誉」エンジンをベースに、機体形状を細身に絞り込み、主翼の燃料タンクの大型化と、外鈑の強化によって軽量化に努めた。

１９４３年春には試作機が完成したが、順調なのはここまでであった。実用化に時間がかかり、増加試作機の生産にこぎ着けたのは、ようやく１９４４年春になってのことであったからだ。それでも運用が始まった彩雲はF６Fの追撃も振り切れるなど、高速性能を遺憾なく発揮して期待に応えた。ただ惜しむらくはその偵察情報を活用できる能力も戦力も、もはや帝国海軍に残っていなかったことであった。

日本海軍が採用した機体の中でも特筆してスマートな機影を持つ彩雲。名目上は艦上偵察機であるが、実際は陸上基地での運用がなされた。

目指せ体脂肪率ゼロパーセント

海軍が彩雲に要求した速度性能は高度６０００ｍで時速６５０㎞という過酷なもので、これは単座戦闘機の傑作Ｐ-51Ｄマスタングに匹敵する。だが、この速度を生み出すには、「誉」をもってしても計算上で４００馬力ほど足りない。そこで中島の開発チームは、徹底した小型化による解決をはかり、機体の外装をほぼ同重量の天山の70~75％まで絞り込んだ。

彩雲が駆けた空

機動部隊の新しい目として期待された彩雲だが、艦上機の例に漏れず、実用実験の意味を込めてまずは基地航空隊である第一二一海軍航空隊へ供給され、メジュロ環礁偵察で活躍。その後、硫黄島に進出した横須賀海軍航空隊の増加試作機３機が１９４４年６月20日にマリアナ方面に偵察に出ている。この時は悪天候に阻まれて偵察こそ不調だったが、迎撃に上がった敵戦闘機を悠々振り切って帰投している。その後、７月まで硫黄島に留まった彩雲はたびたびマリアナ方面に偵察に出たが、損害は

【Ｐ-51マスタング】 第二次世界大戦中の最優秀戦闘機とも評されるノースアメリカン社の単座戦闘機。航続距離を重視した設計で、日本本土に飛来する爆撃機護衛任務など、長距離飛行を強いられる任務に重宝された。

【メジュロ環礁】 マーシャル諸島内にある環礁。マジュロ環礁とも呼ばれる。１９４４年に連合軍が掌握すると、ウルチ（ウルシー）環礁とならんで太平洋戦争中最も繁忙を極めた泊地となった。

【硫黄島】 小笠原諸島の南東に位置する小さな島。日本本土を爆撃するＢ-29の緊急着陸用および護衛戦闘機用の前哨基地を欲した連合軍により１９４５年２月に上陸作戦が行なわれ、日本側の守備隊との間で１ヶ月間の死闘が展開された。

なかった。

彩雲が本格的に投入された1944年秋以降は、せっかく高度な戦術情報を掴んでも、それを戦果に結びつける攻撃兵力がない状況となった。しかし本土防空戦では様子が違う。例えば松山の第三四三海軍航空隊（剣部隊）は1945年3月19日に敵艦載機撃墜52機という大戦果をあげたが、この敵機群をいち早く発見して入電したのは高田満少尉の彩雲であった。高田機は運悪くエンジン不調で逃げ切れず撃墜されたが、高知県の墜落地点には、少尉を含む乗員3名の慰霊碑「三魂之塔」が建立されている。

彩雲のモスキート化計画

戦争末期、物資の逼迫を受けて彩雲の木製化が図られた。さすがに高速機の全木製化は無理なので、水平尾翼の約3割と、垂直尾翼の6割が対象とされた。いや、もちろん、

【第三四三海軍航空隊】1944年12月に紫電改を集中運用するための航空隊として編成された航空隊。紫電改装備の4個飛行隊（1個は錬成用の飛行隊だった）のほか、航空戦の主導権を握るためとして彩雲装備の偵察第4飛行隊が指揮下に加えられていた。

この程度の節約に労力を割くバカらしさから当然中止されたのだけど、一度おかしな方向に転ぶと、ろくな事にはならないのも組織の常。彩雲をベースとした新型木製高速機「試製彩雲改四」なる奇っ怪な機体の開発研究が中島飛行機で始まってしまうのだ。終戦で幻となったが、もし完成していたら和製モスキートに化けたのだろうか？

夜戦型の彩雲

彩雲ほどの高速三座機となると、日本を悩ませていた敵重爆への切り札に……という期待も集まってくる。こうして開発されたのが夜間戦闘機型「彩雲夜戦」だ。ドイツ空軍でも効果が実証されていた斜銃を採用して、中座、つまり偵察員席に九九式一号二〇粍機銃を2挺搭載していたのが特徴。また横須賀海軍航空隊飛行審査部では、五式三十粍機銃を取り付けて運用している。肝心の夜間迎撃戦術が未熟で戦力にはならなかったが、組織的に機能していれば敵重爆の脅威となったに違いない。

【モスキート】イギリスのデ・ハビラント社による双発爆撃機。当初はあまり期待されていなかった木製機だったが、思わぬ高性能を発揮し、戦闘機、夜間戦闘機、偵察機など、様々な型が作られ大活躍した。南方戦線においては、イギリス空軍とオーストラリア空軍所属のモスキートが実戦参加している。

【横須賀海軍航空隊飛行審査部】１９１６年に創設された日本海軍最初の航空隊で、以後、１９４５年８月の終戦まで、人員教育や各種実用実験などに携わった。空技廠飛行実験部が解体された（空技廠自体は第一技術廠と改組）際には横須賀海軍航空隊の中にその後進となる横須賀海軍航空隊飛行審査部が設けられた。

三菱 G4M 一式陸上攻撃機

「簡単に火が付くライター」のあだ名で、米軍から嘲られた一式陸上攻撃機。実際、ほとんど防御がなく、日本軍の人命軽視思想の代名詞ともされる。しかしこれは開発の段階で、将来主流となる20mm機銃に堪える防御力を求めるより、速度と運動性を重視した方が生存率が高く、また航続距離を伸ばせるという考えから、敢えて選択した設計である。過酷な判断ではあるが、技術的な限界の中で少しでもましな解を求めた設計なのである。また、より高性能な後継機の開発が上手くいかず、銀河と並んで終戦まで使い続けていたことも、損害を増やす原因であった。

編隊を組んで飛行する鹿屋海軍航空隊の一式陸攻。胴体上部と尾部の銃座形状から、最初の量産型である一一型と分かる。二二型からは上部旋回機銃が360度旋回可能な動力式に改められ、尾部銃座の形状も大きく変更された。

エースを誕生させた一式陸上攻撃機

マレー沖海戦で英戦艦２隻を葬った、一式陸上攻撃機を含む海軍の陸攻隊。しかし直後のウェーク島攻略に投入された陸攻隊はほんの数機の敵戦闘機に翻弄され、大損害を重ねて任務に失敗。さらに１９４２年２月13日、ラバウル沖に姿を現したアメリカ海軍空母『レキシントン』攻撃に向かった一式陸攻隊は、なんと17機のうち13機を撃墜されて戦果ゼロという壊滅的損害を受けている。さらにこの戦闘でＦ４Ｆパイロットのエドワード・オヘア中尉は５機の陸攻を撃墜して、第二次世界大戦で最初の米海軍エースパイロットとなった。緒戦の華々しさばかり喧伝される一式陸攻だが、戦歴は最初から苦闘続きであった。

全機帰還せず

対艦攻撃の切り札として開発された一式陸攻だけど、航空優勢を完全に手放してしまった戦争末期には人間ロケット桜花の母機としても使われた。その桜花を積んでの初陣は１９４５年３月21日の第七二一海軍航空隊による第１回神雷部隊攻撃であった。

【レキシントン】 レキシントン級航空母艦のネームシップ。当初は巡洋戦艦として建造中であったが、ワシントン海軍軍縮条約を受け空母へと改造。初期のアメリカ海軍機動部隊を代表する正規空母として、「レックス夫人」などと愛称付けられ、乗員らから親しまれた。

【エドワード・オヘア】 「ブッチ」のニックネームを持つ米海軍のエースパイロット。１９４３年末、Ｆ６Ｆで夜間戦闘中に味方の誤射を受けたと見られ、そのまま行方不明となった。

【桜花】 人間を誘導装置にし、母機に吊り下げて敵艦隊上空で切り離して命中させる、いわゆる人間爆弾。第七二一海軍航空隊はその母機となる一式陸攻隊と桜花隊、護衛の戦闘機隊で編成されていた。

この作戦で一式陸攻は桜花搭載の15機を含む計18機が投入されたが、なんと桜花は全機撃墜されて、母機の陸攻も1機も戻って来なかった。陸攻のフライトには7人の乗員が必要だ。桜花を1機送り出すのに、7人が死の危険にさらされていたというわけだ。結果として特攻作戦を通じてもっとも多くの犠牲を出したのは七二一空であった。

一式陸攻のラストミッション

第二次世界大戦に途中参戦となる日本では、開戦から敗戦まで戦い抜いた機種は存外に多いが、一式陸攻もそんなひとつ。戦後、日本の降伏にともなう連絡機として、一式陸攻を含む一部の機体が、ＧＨＱの許可の元で運用されたのだ。これらの機体は識別用に機体全面が真っ白に塗られて、日の丸の上に緑十字が描き足されるという、かなり特異な外見に改められた。特に１９４５年8月17日、日本の降伏受理の打ち合わせに向かう17人の全権委任団を乗せて、木更津から沖縄の伊江島に向かった2機の一式陸攻（うち1機は一式陸上輸送機）が有名だ。

実はこのフライトについては、徹底抗戦を叫ぶ第三〇二海軍航空隊などの一部部隊が交渉阻止のために緑十字機を撃墜しようとしているなどの噂があり、飛行コースは

【ＧＨＱ】「General Headquarters, the Supreme Commander for the Allied Powers」の略で、ドラマなどではアメリカ占領軍のことを指す言葉だが、本来は連合国軍最高司令官総司令部と訳される、日本を占領しにきた戦勝国の、一番偉い人たちのいるセクションのこと。

【第三〇二海軍航空隊】 聖人小園安名司令の率いる、日本海軍の本土防空の切り札たる部隊。雷電、零戦、月光、彗星夜戦といった正規の装備機のほか、独自の改造機である零夜戦や銀河改造夜戦、彩雲改造夜戦などを駆使して戦った。尾翼の部隊記号はヨDで、これは横須賀鎮守府直轄の4番目の部隊であったから。

極秘で、同乗した中佐が操縦要員に直接指示する形を取った。２機の緑十字の一式陸攻は種子島付近で出迎えのB-25、P-38、B-17などと合流すると、誘導にしたがって伊江島飛行場に着陸した。この時、一番機の油圧が故障してフラップとブレーキが作動せず、滑走路の末端で横向きに停止するというトラブルがあった。万一に備えて白地の緑十字機は３機用意されていたのだが、よりによって故障機を選んで任務にあててしまったのである。

ところがラストミッションは終わらない。今度は交渉団を乗せての帰途の便、２番機がタキシング中にオイル漏れでブレーキがきかず米軍車輌と激突破損。やむを得ず１番機だけ先行したところ、潮岬付近で燃料不足に陥り、不時着を余儀なくされる。戦争が終わってなお災難続きの一式陸攻であった。結果、故障機は静岡県、天竜川河口の波打ち際に不時着、最後に機首を海岸に向けて停止した。交渉団は浜松飛行場にあった四式重爆撃機「飛龍」で木更津に戻ったが、皮肉にも戦争中は終始不調に終わった陸海軍による連携作戦となった。なお不時着したのは一式陸輪の方で、機体はそのまま海岸に放置され、大半の部品は持ち去られたが、一部が現在も磐田市で保管されている。

【B-25】 アメリカ、ノースアメリカン社の双発爆撃機。本機の太平洋戦線における代表的な活用例として、日本本土初空襲「ドーリットル空襲」が挙げられる。

【B-17】 第二次世界大戦に参加した爆撃機の中で最も有名であると言っても過言ではない、ボーイング社製の四発爆撃機。1万2000機以上生産され、各戦線で用いられた。愛称は「空飛ぶ要塞」。

【飛龍】 飛龍は愛称で、正式には「四式重爆撃機」。三菱により開発・生産、日本陸軍下で運用された。同クラスの他国の爆撃機と比べて爆弾搭載量は少ないものの、その他の優秀な機体性能により、大戦後半の投入でありながらも相応の活躍を遂げた。

中島B6N天山

天山は九七艦攻の後継として開発された艦上攻撃機で、総生産機数は九七艦攻をわずかに上回る１２６８機に達している。このように大戦後半の実質的な主力艦攻でありながら、同じく後発の彗星や流星と比べてやや地味に映るのは、九七艦攻と比べて外見上の変化がほとんどないためだろうか。しかし天山は過去の戦訓から、後下方機銃を装備し、エンジンも大幅に強化された中島製「護」を搭載しているれっきとした新鋭機である。

天山は１９４４年６月のマリアナ沖海戦に集中投入された。九七艦攻より時速１００km も高速で、航続距離でも上回る天山のアウトレンジ攻撃力には大きな期待が込められたが、F６Fを振り切る力までは無く、壊滅的な被害を受けてしまったのであった。

第六〇一海軍航空隊の天山一二型。1944年のマリアナ沖海戦において、出撃機の8割が未帰還という大損害を受けた。

【護】 中島飛行機の大型機用エンジンで、三菱の火星に相当するもの。四発の十三試陸上攻撃機（のちの深山）用に開発されたが、天山にも搭載されている。実用性に乏しく、また中島の生産を誉エンジンに集中させるために製造中止となった。

【アウトレンジ攻撃】 敵の航続距離および射程外から一方的に攻撃を行なう攻撃方法のこと。

苦肉のオフセット配置

九七艦攻とほぼ同サイズ、同設計がウリの天山だが、出力１８５０馬力の「火星」エンジンを詰め込んですまし顔でいられるはずもなく、随所に無理がはみ出している。その最たるは機首下部に大きく突きだした潤滑油冷却器だ。中心線上に置くと航空魚雷と干渉してしまうため、左にずらして配置し、魚雷も反対側に30cmほどずらして懸吊しなければならなかった。９００kg近い重量物が中心線上にないのは、いかにも危なっかしいが、高性能な天山ゆえに可能とした苦肉の策でもあった。

天山の航空魚雷

帝国海軍は九一式航空魚雷だけで太平洋戦争を乗り切ったわけだけど、この魚雷は

【潤滑油冷却器】 エンジンオイルを冷やすための装置で、飛行機では特に必需品。この冷却能力が低いとエンジンが焼き付いたりして大変。滑油冷却器、オイルクーラーとも。

【九一式航空魚雷】 苦心のすえに日本海軍が実用化した航空魚雷。炸薬量を増やしたものや、強度を上げて航空機の高速化に対応したタイプなど様々なバリエーションがある。

登場以来、六度の改修を受けている。真珠湾攻撃で使われたのは「改一」と呼ばれるタイプだが、天山は「改一～改三」の3種のいずれかを搭載できた。これらは炸薬量以外は基本的に違いは無いが、高性能、高速化した天山の進化に合わせた改修が施されている。改三には弾頭部補強型の「改三改」と、構造強化型の「改三強」がある。「改三強」は射程が短縮したが、航空魚雷ではそれほど射程は重視されなかった。

君を護れなくてごめん！

どんな優秀なメーカーにも「なんでそんなの作っちゃったの？」ってな黒歴史はあるけど、中島飛行機にとってのそれが「護」エンジンだ。安心の三菱製「火星」を抑えて、自社製の「護」エンジンをねじ込んだところまでは良いけれど、振動はひどいし、故障の連発で、おまけに所定の出力も達成できないのでは言い訳できない。もともと深山という残念な四発陸上攻撃機に搭載される予定だったのがケチの始まりだが、「護」エンジンが足を引っ張って、ライバルのTBF-1アヴェンジャーに一年半の後れをとったのは天山の痛恨事であった。

【深山】 日本海軍が中島飛行機に試作を命じた四発陸上攻撃機「十三試大攻」のこと。失敗作であるアメリカのDC-4をまんまとつかまされて参考にしたのが開発失敗の根幹であった。

【TBF-1アヴェンジャー】 グラマン社が開発した、第二次世界大戦中のアメリカ海軍主力雷撃機。グラマン社による製造のものをTBF、ジェネラル・モーターズ社によるライセンス生産機をTBMと区別し、後に改良版であるTBM-3が前線に投入された。愛称のアヴェンジャーは「復讐者・報復者」の意。

幻と消えた反跳爆撃

対日反攻攻勢でB-24リベレーターやB-25といった中型爆撃機を投入したアメリカ軍は、艦艇に対する効率的な攻撃方法として、高速で投下した爆弾の水切り効果を利用したスキップボミング（日本海軍では反跳爆撃と、陸軍では跳飛爆撃と称した）を多用した。投下後の有効射線が500m近くもあるこの爆撃方法は、すぐに海軍の興味を引き、横須賀海軍航空隊において天山による実験が行なわれた。そして約2ヶ月の実証実験で反跳爆撃用爆弾が完成したようなのだが、実戦投入の機会はついにおとずれなかった。

飛行艇大国の最初の一歩

第二次世界大戦が始った頃には世界一の飛行艇大国だった日本。その原点は1929年、イギリスのショート・ブラザース社にベストセラー飛行艇カルカッタを

【B-24リベレーター】コンソリデーテッド社の大型爆撃機。B-17に継ぐ、太平洋戦線においての重爆主力として使用された。地味な機体ながら、大戦中に生産された米軍機の中では最多である。リベレーターは「解放者」の意。

B-24 リベレーター

【カルカッタ】ショート・ブラザーズ社の複葉飛行艇S.8の別名。コクピットを密閉式にし、防御銃座を追加、さらに爆弾用のパイロンを翼下に設けた軍用版は「ラングーン」と称され、計6機が製作された。

ベースとした軍用飛行艇の開発を依頼したことに始まる。これがＫＦ型飛行艇で、当時イギリス空軍に納入していたラングーンより高性能だったあたりは、イギリス生まれながら、当時世界有数の性能であった金剛型戦艦みたいなものかな。この飛行艇の部材が日本に持ち込まれ組み立てられたものが、九〇式二号飛行艇として採用された。

広廠 H3H 九〇式一号飛行艇

ショート社が設計するとはいえ、海軍戦略の要となる大型飛行艇——大艇を外国メーカーに任せてはおけるかということで、１９３０年に広工廠航空機部で純国産の大艇開発がスタートした。これが九〇式一号飛行艇だ。先の川西の九〇式二号飛行艇より若干完成スケジュールが早いと言うことで、同じ九〇式でも一号の名称を賜ったらしいけど、実はこれは仮称であり、純国産型を先に置きたいという書類上の遊びに

S.8/8 ラングーン

【広工廠航空機部】 広島県の広（ひろ）にあった海軍工廠で、１９２１年に呉海軍工廠の支廠として設置され、１９２３年に独立した。大正年代から昭和の初めにかけて航空機の設計や製作、大規模整備などを行なっていたが１９３２年に海軍航空廠（のちの海軍航空技術廠）が設置されると設計部門はここへ集約された。１９４１年10月に第11航空廠と改編された。

すぎない。結局、国産の九〇式一号はエンジンの冷却不足や操縦性の問題が解決できず、試作のみで打ち切られてしまった。

飛行艇先進国への道

航空機開発ではおおむね欧米に遅れをとった日本であるが、海軍が力を入れた飛行艇は例外であり、１９３７年までには川西航空機が世界最高水準の九七式飛行艇を生むに至る。大日本航空ではこれを川西式四発飛行艇として18機取得し、委任統治領であった南洋諸島への定期便ルートを開発した。武装を撤去して後部胴体内に10人分のソファー・チェアーを備えたもので、給仕や調理室はもちろん、最大8人分の寝室も持つ世界でもトップクラスの居住性を実現していた。これにより船旅では3週間かかっていたトラック島までの行程を２日に短縮できた。肝心の運賃は横浜〜サイパン便の片道が２３５円で、当時の尋常小学

【大日本航空】 １９３８年から１９４５年の間、日本に存在した国営航空会社。陸軍一〇〇式輸送機の民間転用型であるMC-20や、九七式重爆撃機の民間型のMC-21、さらにアメリカから購入（のちライセンス生産）したダグラスDC-3など、多種多様な機体を用いていた。

【尋常小学校】 旧制小学校の呼称で、１９４１年に国民学校と改称されたもの。年齢と学年は現在の小学校1年〜6年とおなじで、中学校（当時は義務教育ではなく、5学年制）に進学する財力のない家の子供たちは高等小学校2学年（国民学校高等科2年）を卒業すると社会に出て働いた。

校長の月給額と同じだったという。物価比較すると現在の63万円ほど、ビジネスクラスくらいと思えば納得のお値段か？　南方空路で活躍した憧れの旅客飛行艇であったが、開戦後は海軍に徴用されて、同じく南方の軍事輸送に使用された。

必殺の漸減邀撃

日本海軍の対米戦略について必ず出てくる漸減邀撃《ぜんげんようげき》という言葉。日本に侵攻してくるアメリカ艦隊主力をなるべく遠方から攻撃して、時間をかけて敵を弱らせ、しかるべきタイミングで一気に艦隊決戦に持ち込んで勝敗を決するというもの。この漸減邀撃の基本戦略の中で、航続距離が長い大艇は敵艦隊を偵察し、発見後、雷撃によって「削る」という、他国では考えられない任務が課せられた。日本海軍で飛行艇が異常に発達したのは、この戦略を実現するためなのだ。

九七式大艇の雷撃記録

雷撃という過剰な性能が求められた九七式大艇だけど、その雷撃デビュー戦は開戦

九七式飛行艇

直後の１９４１年12月31日。モルッカ海で発見した米水上機母艦『ヘロン』に３機で夜間雷爆撃を敢行したが、空振りに終わった。次いで翌年、アンボン港に停泊中の敵艦艇に対し、水上滑走で湾内に突入し、滑走状態で雷撃するという案が浮上し、１月６日に実施されたが、ダバオ湾内からの発進の際に長機が味方輸送船と接触、墜落したため作戦は中止となった。以降、敵艦艇に対する大艇の雷撃は実施されていない。いくら技術が良くても、最初の目的設定が間違えていたなら、すべて無駄になってしまうと言うことか。

九七式大艇による撃墜記録

１９４４年秋にもなると、もはや大艇が前線で攻撃任務に出るような状況ではなく、夜間の偵察や哨戒か、後方での輸送くらいしか使い道がなくなっていた。しかし北出大太少尉機は、セレベス島のマカッサルからジャワに向けて飛行中に接触したＦ６Ｆの動きを読み、雲海を利用して敵機後方を取ると機首風防に仮設した20㎜機銃で攻撃し、見事に撃墜している。飛行艇を侮った敵を突いた好判断だが、こんな蛮勇に９名の乗員を危険にさらす価値があったかは微妙であり、北出少尉も後悔したとのこと。

【ヘロン】 １９２２年に退役済みであった機雷掃海船であったが、１９３６年に水上機母艦へと改造。第二次世界大戦を生き抜き、１９４７年スクラップ処分された。

【アンボン港】 インドネシア・アンボン島の港で、１９４２年に日本軍が占領すると前哨基地が設立され、周辺海域などを防衛する拠点となった。

【ダバオ】 フィリピン南部のミンダナオ島の湾内に位置する都市。戦前より日本人移民が多く暮らす地域で、１９４５年３月からの連合軍による掃討作戦において、激戦の舞台ともなった。

整備に配慮してこその傑作機

洋上運用する飛行艇は、とにかく主翼とエンジンを吃水線から少しでも高いところに配置しなければならない。結果、見上げるほど高い場所のエンジンを整備するには足場が不可欠なのだけど、洋上に足場を組むのは無理。そこで二式飛行艇に設けられたのが整備用フラップで、エンジン両側の主翼前縁部に折りたたんで格納できるようになっていた。また主翼上に起重機（クレーン）用の櫓を建てられるようになっていて、エンジンを取り外して作業する場合に使用する。目立ちはしないが、飛行艇に関する日本の研究の蓄積が反映された工夫であった。

使用がためらわれる「かつおぶし」

二式飛行艇を下方から眺めた時に目を惹くのが、機首真下から主翼前縁付近までの底面に張り出している波抑だ。当時から「かつおぶし」と呼ばれたこの突起は、着水時に底面が巻き上げる波をぶつけて下方に押し戻すためのもので、もしこの「かつおぶし」がないと、大量の海水の飛沫が底面のカーブに沿って上方に吹き上がり、プロ

【吃水線】船舶が海面に浮いた際の、水面の部分の船体の水平線のことで、いわゆるウォーターライン。喫水線とも書く。

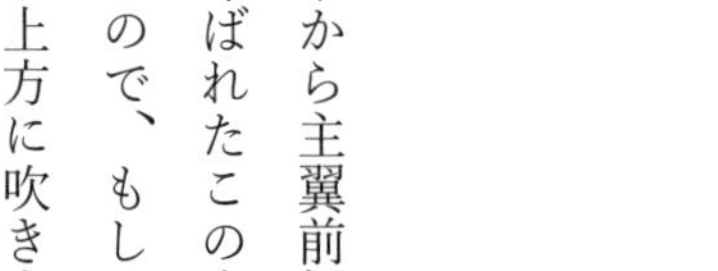

二式飛行艇

ペラを直撃する。だから、プロペラやエンジンの破損を防ぐのに不可欠なパーツである。ただ、パック入りのけずり節ばかりになった昨今では、本物の鰹節《かつおぶし》やかつ箱（鰹節削り器）は目にする機会がないので、例えとして使うのは無理。

二式大艇、雷撃セヨ！

日本海軍が優勢なアメリカ海軍への対抗策として練り上げていた漸減邀撃構想。この構想において二式飛行艇も遠方に進出しての奇襲的雷撃を企図して、九一式航空魚雷を左右翼下に合計2本懸吊することができた。魚雷懸吊用に主翼フラップの干渉位置を敢えて切り欠くほどの本気度であった。しかし雷撃照準器も未実装で、実戦を見据えた訓練もなかったようだ。

飛行艇の本懐なれど

滑走路いらずの飛行艇は、第二次世界大戦前には旅客機の中心的存在でもあった。この思想を反映して作られた二式大艇の輸送機バージョンが晴空であり、30機以上が量産された。当初は二式輸送艇と呼ばれていた晴空は上下二層となった胴体内に5部屋の客室を持ち、41名の乗客を収容できた。これは艦隊司令部要員を一度に輸送可能な能力で、実際、晴空はそのような使われ方をしていた。しかし、１９４４年3月29日にはパラオで、古賀峯一連合艦隊司令長官の一行を乗せた晴空がフィリピン上空で遭難し、全員戦死という「海軍乙事件」を引き起こしてしまった当事機でもあった。

よみがえれ、大艇の翼

戦後、二式大艇の接収をアメリカが決定したとき、国内に現存していたのは、香川県の詫間《たくま》基地にあった3機の損傷機のみ。しかも復員が進んでいたために、整備員、搭乗員のどちらも足りない。予備部品の類も既に多くがスクラップにされてしまっていた。移送の責任者となった詫間基地の日辻常雄少佐は、四方に手を尽くして、人員

【海軍乙事件】 晴空のうち、古賀司令長官を乗せた1機は行方不明に、もう1機はフィリピン・セブ島沖に不時着した。これにより、日本軍の最重要軍事機密文書が連合軍の手に渡る事態となった。本事件と対をなす海軍甲事件は、１９４３年に山本五十六海軍大将の乗る一式陸攻が撃墜された事件を指す。

【詫間基地】 香川県にあった、もとは練習航空隊である詫間海軍航空隊の使用基地で、１９４５年5月になって８０１空から飛行艇隊が引き抜かれ、詫間空の指揮下に入った。

と部品をかき集め、1945年10月末までにT-31号機を飛行可能状態にした。復元機については、日の丸が禁じられてアメリカ海軍塗装を強いられたものの、戦後の物資不足の中で見事な試験飛行を終えることができたのである。

帰ってきた二式大艇

詫間から横浜への移送飛行では、PBYカタリナ飛行艇と一緒の飛行になったが、追い越しを禁止されていたために、速度をぎりぎりまで絞って蛇行飛行を強いられたというのは有名な話。「最高の飛行艇」と賞賛された本機は、アメリカ本土へ運ばれ、ノーフォーク海軍基地で永久保存が決まったが、予算削減で1979年に日本に返還されることになった。これに船の科学館が手を上げ、東京晴海に展示されていたのは有名な話だ。2004年からは海上自衛隊の鹿屋航空基地の資料館に移されて、野外展示機として翼を休めている。

【PBYカタリナ】 B-24の開発で知られるコンソリデーテッド社による双発飛行艇。引き込み式の車輪を装備して水陸両用機となったものや、レーダーを搭載したものなど、多種多様な派生型3000機以上が生産された。

【ノーフォーク海軍基地】 アメリカ、バージニア州ノーフォークにあるアメリカ海軍の基地で、世界最大の海軍基地でもある。

PBY カタリナ

知ってると得する飛行機トリビア

5

ちょこっと小話

ホンダジェットのスゴイところ

ホンダジェットでもっとも革新的なのが、主翼上面の胴体寄りの部分に、後方にせり出した形状のパイロンを設け、この上にエンジンを載せるという特異な配置だ。パイロンには後退角が付けられていて、その後部は胴体側にやや屈折している。普通、このクラスの軽量ジェットではエンジンと胴体は隣接して取り付けられるが、この工夫により胴体にエンジンの振動や騒音が伝わりにくく、快適な乗り心地を提供する。これが航空機設計の大きな前進であり、美的観点からも評価されて「ケリー・ジョンソン賞」をはじめとする航空機開発各賞を受賞した。

飛行艇発展のあだ花

ワシントン海軍軍縮条約で主力艦の規模を対英米6割に抑えられた日本海軍は、水雷戦隊による夜間攻撃で劣勢を穴埋めしようとした。戦略的劣勢を戦術的勝利の積み重ねで挽回しようという発想だ。この水雷戦隊旗艦用に夜間偵察機が必要とされ、１９３１年に世界に例を見ない戦術夜間偵察機の研究が始まった。危険な夜間の離着水を考慮して浮舟（フロート）型ではなく飛行艇型とし、かつ敵艦隊の動向を長時間偵察するために、低速での安定した飛行性を求められるなど無理難題の塊で、結局、この構想が直接実を結ぶことはなかった。

水偵の活躍が目立つ日本海軍

世界各国とも第二次世界大戦では水上偵察機を活用しているが、依存度が最も大きかったのは間違いなく日本海軍だ。例えば１９４２年8月の第一次ソロモン海戦では、第8艦隊の5隻の重巡から飛び立った九四式水偵が、ガ島周辺の敵情を艦隊に送り続けていた。しかも夜にもかかわらずツラギ上空から敵主力部隊を発見した水偵は、豪雨にも

【水雷戦隊】 日本海軍における戦術単位のひとつで、旗艦となる軽巡洋艦のもとに駆逐艦3～4隻を1隊とする駆逐隊3～4個で編成される。奇数番号の第1、第3水雷戦隊は戦艦部隊である第1艦隊の編制に組み込まれて援護兵力として使用され、偶数番号の第2、第4水雷戦隊は重巡洋艦を主力とする第2艦隊に組み込まれ、夜戦において敵主力艦に肉薄雷撃をすることを狙った。

【第一次ソロモン海戦】 1942年8月7日、ソロモン諸島のツラギ、ならびにガダルカナルにアメリカ地上軍の上陸を見た日本海軍が、ラバウルを根拠とする第8艦隊の兵力によりこの敵水上艦艇と輸送船団を蹴散らすべく出撃、8月8日夜に両軍がルンガ沖で激突して生起した戦い。

怯まず戦闘海域に留まり、敵船団上空から照明弾を投下して艦隊を助けている。大戦末期も同様で、1944年10月のレイテ沖海戦では主力の栗田艦隊はほぼ情報途絶の中でレイテに向かわざるをえなかったが、巡洋艦『最上』の水偵からの情報は、陸上基地をリレーして送られていたので、敵情報がゼロというわけではなかった。

刻みが小さくて混乱する

世界にも稀な潜水艦搭載水偵となった九一式水偵は、かなり実験的な機体で生産数も8機と少なく、本命は大型の伊号潜水艦である巡潜三型用の九六式小型水偵であった。しかし軍縮条約を脱退すると新しい巡潜甲型・乙型が建造されることとなり、これに搭載するための零式小型水上機が開発された。潜水艦の筒型格納庫に分解収容するため、主翼とフロートは機体から取り外せるようになっていたが、垂直尾翼をかなり小型化せざるを得ず、方向安定の確保が困難を極めた。

零式小型水上機は母艦である巡潜甲型および乙型の高性能と相まってオーストラリアやニュージーランド、アフリカ沿岸まで足を伸ばして、重要な情報を獲得している。極めつけは1942年9月に実施した、2度のオレゴン空襲だろう。70kg爆弾で山火

【最上】 最上型軽巡洋艦のネームシップとして建造され、太平洋戦争海戦直前に主砲を20．3㎝連装砲に換装して重巡洋艦に変身した。1942年6月のミッドウェー海戦後に4・5番砲塔を撤去して航空巡洋艦となっていた。

【巡潜甲型・乙型】 川崎造船所の松方社長により入手されたUボートの設計図をもとに建造された伊号第一潜水艦（巡潜一型）の性能に目をつけた日本海軍は、これに航空機を搭載して敵艦を探そうと、潜水艦からの飛行機運用を実用化した。これが巡潜一型改、巡潜二型、巡潜三型と発展。1930年代後半に入ってさらに進歩させたのが新巡潜型と呼ばれた甲型、乙型、丙型であった。

事を起こしただけの、実質無害の空襲ではあったものの、史上唯一のアメリカ本土爆撃であり、相応の心理的効果はあったようだ。

幻となった水偵の4分科

二座、三座の水偵に加え、潜水艦搭載型の水偵の実用化により、日本海軍の水偵は用途に応じた3分科に向かったが、夜間用の九八式水偵が成功すればまさかの4分科に。これを阻止したのが三座水偵のエポックである九四式水偵だ。偵察に特化したシンプルな機体であったが、三座機として初の射出機発進能力があり、夜間偵察も可能というマルチロールぶりに、九八式水偵の拡充を許さなかったのだ。生産数は５００機を超え、水上基地部隊にも配備されるなど海軍の目として活躍した液冷エンジン搭載の一号、空冷エンジン搭載の二号を併せて、地味ながらも傑作機だ。

勘違いさせた九五水偵

１９３５年に制式採用された中島飛行機の九五式水上偵察機は、九〇式二号水偵の後

九五式水上偵察機

【オレゴン空襲】 乙型の伊号第25潜水艦搭載の零式小型水上機によるアメリカ本土攻撃のこと。現在でもアメリカにおける森林火災は深刻な問題だが、これを起こすことでアメリカ国民の厭戦思考を喚起するのが狙いであった。

継機という位置づけであった。しかし配備直後に勃発した日中戦争では、爆装による対地支援（陸戦協力といった）任務のほか、敵戦闘機と互角以上に渡り合って、現地部隊を喜ばせた。特に１９３７年８月21日には特設水上機母艦『神川丸』の搭載機が、単機で敵４機と渡り合い、最後は体当たりをして３機を撃墜するなどのマルチな活躍を見せたため、海軍関係者に、やがて二式水上戦闘機や強風につながる水上戦闘機への幻想を抱かせる結果となってしまった。

万能水上機を追い求めた瑞雲

九五式水偵の成功は、水上機の戦闘機化という形で強風を産むことになったが、正当後継機であるはずの二座水偵系の開発も継続された。それが空戦性能を備えるなどの万能機を追い求めた一二試二座水偵であったが、開発は失敗。空戦性能を放棄するも、２５０kg爆弾による急降下攻撃が可能という、十四試二座水偵が瑞雲として結実する。人気の伊勢型航空戦艦の搭載機としても予定され、実際に訓練はしたものの実戦参加は果たせず、かわりに水上基地から夜間襲撃に従事した。多大な犠牲を払いつつも、１９４５年春の沖縄戦では駆逐艦を含む各種艦艇12隻を撃沈する戦果を報じて、

【神川丸】 日本海軍の徴用した特設水上機母艦のひとつ。もとは川崎汽船の神川丸型貨物船のネームシップで、日中戦争時代から水上機母艦として活躍し、太平洋戦争期には二式水上戦闘機を搭載した唯一の母艦となった。１９４３年５月にアメリカ潜水艦の雷撃により沈没。

【伊勢型航空戦艦】 改扶桑型として建造された伊勢型戦艦は36㎝連装主砲を６基搭載した姿が猛々しかったが、１９４２年６月のミッドウェー海戦で主力４空母を喪失したことを受けて航空戦艦に改造された。５・６番主砲塔を撤去したのち、格納庫と飛行作業甲板を設けた姿は世界的に見ても異様であった。

日本水上機の掉尾を飾っている。

川西N1K1 強風

第二次世界大戦において、最初から水上戦闘機として開発されたのは、世界で唯一、強風だけである。前進基地の構築に先立って周辺海域に進出し、洋上を拠点に一定の航空優勢を確保するというのが水上戦闘機の開発目的であり、二式大艇など水上機開発で実績があった川西航空機に開発が命じられた。

ゲタばき機としては抜群の運動性と、ボタン一つで操作される自動空戦フラップにより期待以上の高性能を見せたが、登場した時期が遅く、零戦改造の二式水上戦闘機の活躍とは裏腹に、97機ほどの生産で打ち切られてしまった。しかし、強風の開発は水上機メーカーの川西に充分な戦闘機開発能力があることを示し、後継機開発の道を拓いたのであった。

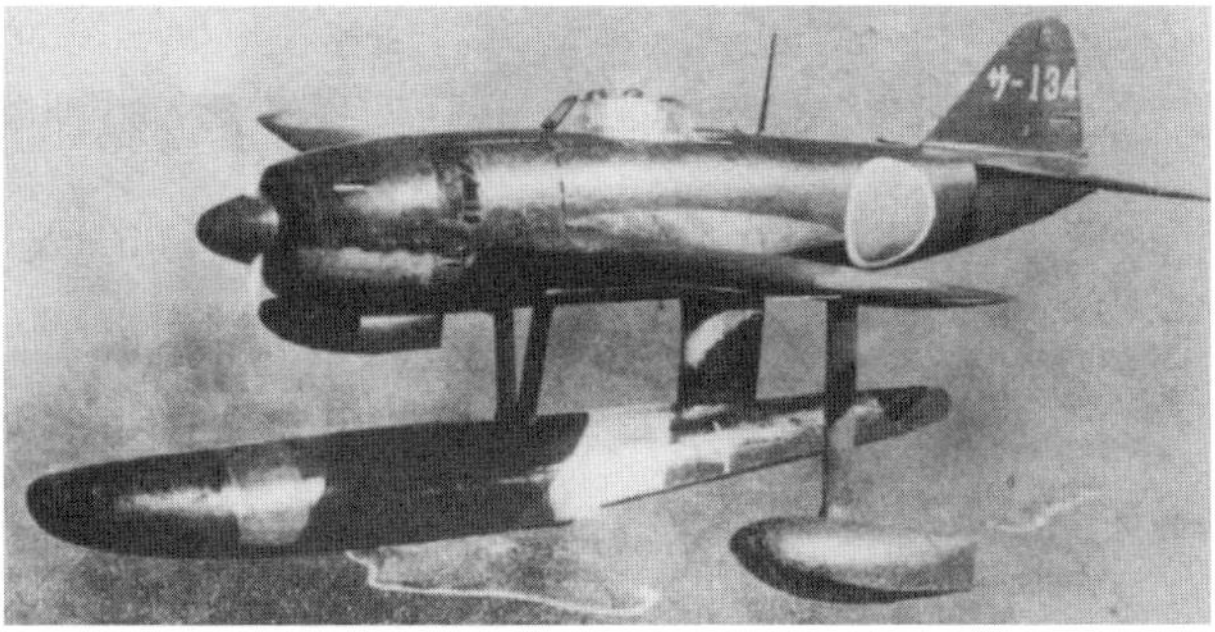

九州上空を飛行中の強風。尾翼に描かれた機番のうち、「サ」は本機が佐世保海軍航空隊所属であることを示す。

【ゲタばき機】 浮舟（フロート）型の水上機のこと。二式水戦、強風などが浮舟型の水上機にあたる。

【自動空戦フラップ】 十五試水上戦闘機は当初、全閉状態から中開き、全開の2段階の固定開度を持つ手動式の空戦フラップを搭載していたが、完成した試作機が二式水上戦闘機との格闘戦に全く歯が立たないことから、これを速度に応じて自動的に出し入れし、開度も無段階式にしたフラップを開発した。これが紫電改の代名詞とも言われる自動空戦フラップで、強風一一型として制式制定された機体から装備された。開度センサーは、対気圧により速度を図るピトー管のしくみを応用したものである。

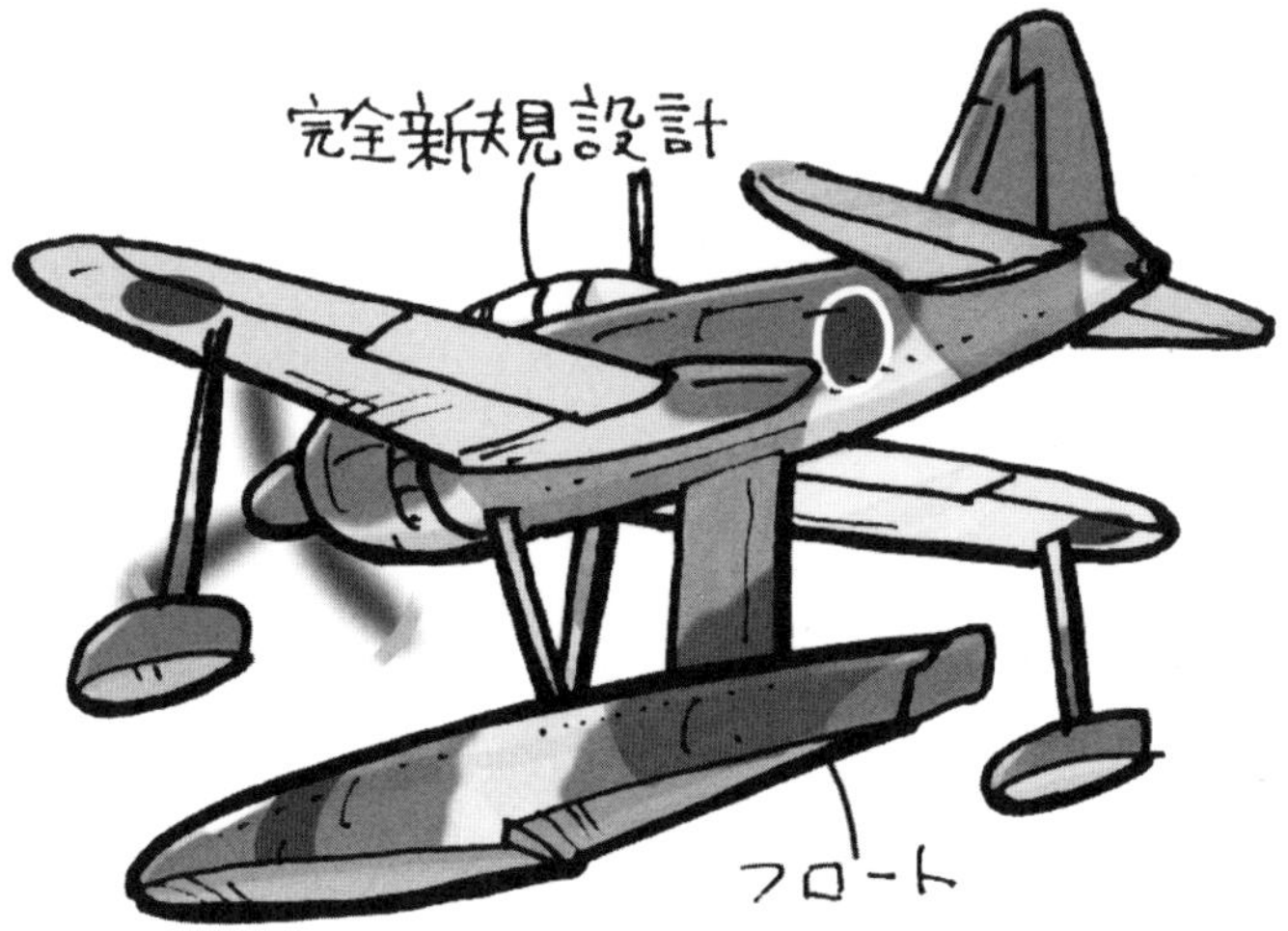

強風の戦い

戦線が拡大を続ける間は、応急的な制空戦闘機、局地戦闘機として、強風には存在意義があっただろう。けれど、敗勢の中では使い道がない。それでも安定している戦線なら役に立つということで、強風が最初に配備されたのが、インドネシアのアンボン島の水上機基地に展開していた水上機部隊の第九三四海軍航空隊であった。強風はアンボン基地に配備されて、1944年1月16日、同島を空襲にやってきたB-24爆撃機を迎撃、一機を撃墜した。これが強風の初戦果とされる。

【第九三四海軍航空隊】 1942年末から全面的に導入された実戦部隊の番号冠称化において、もともと名前が番号表記の特設航空隊であった第三十六航空隊が改称したもの。百の位の数字「9」は水上偵察機の部隊であることを意味する。

大物に挑むゲタばき機

強風は九三四空への配備と同時期に、シンガポールやマレー半島西部のペナン島など南西方面に展開していた水上機部隊、第九三六空海軍航空隊にも配備された。この部隊は本隊がシンガポールにいて、分遣隊がペナン島にいた。実際の配備は昭和19年11月で、３機の強風がとりあえず訓練に使用されていた。初陣は開けて１９４５年１月11日、スマトラ島のサバンを襲撃したB-29に対して、ペナン配備の２機の強風が繰り返し迎撃に出た。時限信管付きの対空用三号爆弾を、高度５０００ｍ付近を飛ぶB-29の上空から投下するという大胆な迎撃である。撃墜は果たせなかったが、この攻撃で燃料タンクを損傷したB-29が退避させられている。

洋上の長距離飛行となると、護衛できる戦闘機がいないため、敵も爆撃機のみでの作戦が増える。こうなればゲタばきとはいえ、戦闘機として作られた強風の方が有利であった。２月24日にはシンガポールを爆撃後に退避コースに入ったB-29の編隊を襲い、20㎜機銃を命中させてエンジンから煙を吐かせた。しかしB-29の強力な自衛火器からの応射が強風にとっては脅威であるため、敵の護衛戦闘機がいなくても、迎撃は命がけであった。

【ペナン島】 アジア大陸の東南端、マレー半島の西側に位置する島。１９４５年の終戦にわたるまで日本に占領され、日本海軍の重要拠点として機能した。

【第九三六空海軍航空隊】 実戦部隊名の番号冠称化において、特設航空隊であった第四十航空隊が改称したもの。シンガポールを根拠に活動し、九三四空が１９４４年10月に解隊されたあとは南西方面唯一の水上機隊として戦った。

傑作水戦は傑作戦闘機たりえず

1941年末、ドル箱となるはずの二式大艇の生産計画縮小を告げられた川西航空機では、それに代わる売り上げを作るため強風（まだ十五試水戦として試作中）の陸上戦闘機版を海軍に売り込んだ。それがのちの局地戦闘機「紫電」である。だが、開発は最初から難航した。水上機には有利であった主翼の根元が胴体中央にある中翼構造だが、通常機では必須の引き込み式脚を装着するのに都合が悪い。主脚が不必要に長くなってしまうのだ。

紫電では長い主脚をどうにか翼内に収めるために、二段引き込み式にした。最初の動作で主脚を縮めてから収納するという仕組みだ。しかしこの複雑な機構により故障が頻発した。また機体

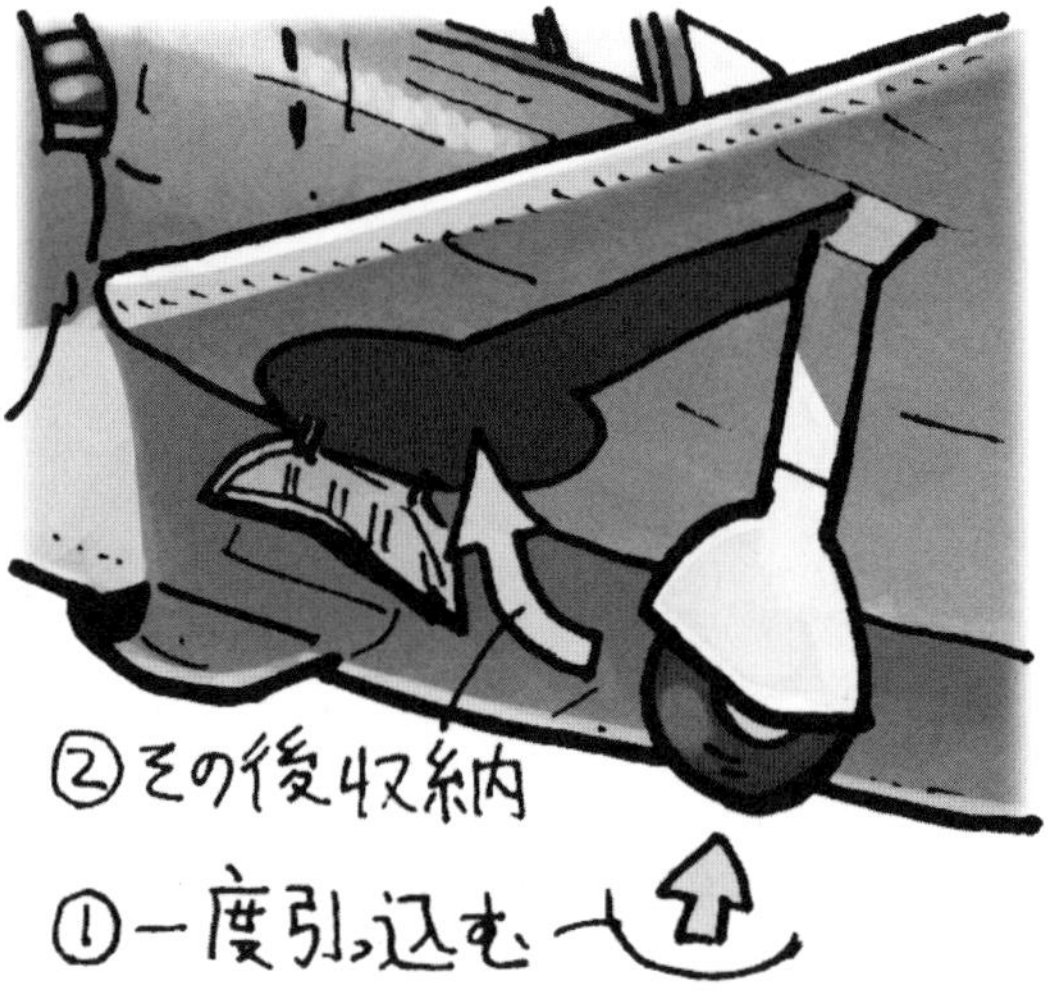

設計には最小限しか手を加えなかったために、機体下部から尾翼にかけてのラインがずんぐりとしていて格好が悪い。そんな欠点もあったが、強風ゆずりの自動空戦フラップは効果的で、戦闘機としての素性はすばらしかった。傑作機、紫電改はこの紫電をブラッシュアップする事で誕生したのであった。

鉄板だけが防御に非ず

日本軍機の防御構造の弱さは有名だけど、紫電／紫電改は防御面が配慮された戦闘機だったとされる。しかし防弾鉄の多さだけが防御ではない。そんな防御面の実態をいくつか見てみたい。まずは浮泛《ふへん》装置。これは不時着水した機体がすぐに沈まぬよう、浮きの代わりをする装置のこと。一般に艦上機の場合は、主翼付け根のあたりや後部胴体内にゴム布製の浮き袋があって、不時着水の直前、エンジン火災消火用の炭酸ガスボンベからガスが注入され、簡単には沈まないように浮きが膨らむ構造となっていた。搭乗員が機外に脱出する時間を稼ぐためである。

翻って紫電や紫電改の場合、浮泛装置は標準化されていなかったようだ。水上戦闘機の強風が開発原機だったことが理由の一つで、水上機はもともとフロートがあるので、浮泛装置を備えていないのだから当然と言うことになる。ただし、紫電については川西製造第576号機までは炭酸ガス注入式の浮泛装置を備えていた。ところで零戦の場合、主翼の一部が最初から気密構造になっていたのでガスを注入する必要がなく、操縦席で気圧調整用のコックを操作するだけで、浮泛装置として機能するようになっていた。なにかと人命軽視の設計思想が非難される零戦も、決して無策だったわけではないのだ。

川西N1K2-J紫電改

増加試作機の段階でトラブルだらけだった紫電の改修中、川西は判明している不具合箇所すべての再設計を海軍に提案。海軍より一号局地戦闘機改の名称で開発が認められ、完成したのが紫電改である。強風以来の中翼を低翼に移し、故障だらけの伸縮式主脚を廃止。加えて胴体のスリム化と機体バランスの見直しなど、大幅な改修がなされ、その結果、１９４３年暮れに完成した試作機は関係者も驚くほどの高性能を発揮した。そこでさっそく紫電二一型、通称「紫電改」の名で制式化されたのである。

しかし紫電改の戦いは、ここからが本番であった。量産化に思いのほか時間がかかってしまい、目処が付く頃には終戦の年を迎えてしまっていたからだ。生産拠点は連日の空襲で麻痺し、目標生産数１万１０００機にはるか満たない４５０機程度の量産で終わってしまったのであった。

紫電改は大和に似て

零戦、隼に割って入る勢いで人気の紫電改だけど、実は戦時中の国民には無名の存在であった。開戦直後

三一型のエンジンを、低圧燃料噴射装置付きの誉二三型に換装した紫電三二型（試製紫電改三とも）。終戦間際に2機が試作された。

に就役した戦艦『大和』さえ国民に伏せられていた状況、1945年にようやく実戦配備された戦闘機を、明らかに劣勢な戦況の中で押し出すのは難しかったのだ。戦後もGHQの意向で軍国主義的な発揚につながる報道や著作は禁じられていたので、紫電改の存在がようやく知られるようになったのは、1945年後半のことであった。その評価は異口同音に「生産競争では敗れたが、性能では世界最高」といったもので、戦後復興の空気にも乗って、日本を勇気づける存在になった模様。

紫電改、別れの飛行

太平洋戦争の終戦により日本の戦争遂行能力を早期に無力化する動きがある一方、その技術研究にも大いに興味が注がれた。そんな中で行なわれたのが、日本陸海軍機の収集活動である。紫電改もその対象となり、九州の大村基地にあった元第三四三海軍航空隊所属機が用意されることとなった。問題は部隊が解隊されて、操縦員も整備員も復員していること。急遽、連絡が付きそうな要員に片っ端から招集をかけたところ、交通事情が悪くて近藤若重整曹しか帰隊できなかった。彼の最初の仕事は、責任者の志賀淑雄少佐の命令で佐世保鎮守府に赴き、部隊名簿を探し出してくることだった。

戦艦『大和』

【大和】 1941年12月竣工の、世界最大の46㎝主砲を搭載する日本で最も有名な戦艦だが、戦前に作られたカルタに「(む)陸奥と長門は日本の誇り」と書かれて親しまれた両戦艦に比べ、国民に対してはその存在は秘密にされた。その悲劇的最後とあいまって、日本海軍を象徴するような存在感をはなつ。

郵便はがき

おそれいりますが切手をお貼りください

101-0054

東京都千代田区神田錦町
1丁目7番地　㈱大日本絵画
読者サービス係行

アンケートにご協力ください

フリガナ　　　　　　　　　　　　年齢
お名前　　　　　　　　　　　　　（男・女）

〒
ご住所

TEL　　（　　）
FAX　　（　　）

e-mailアドレス（メールにてご案内を差し上げてよい場合にご記入下さい）

ご職業	1 学生	2 会社員	3 公務員	4 自営業
	5 自由業	6 主婦	7 無職	8 その他

愛読雑誌

このはがきを愛読者名簿に登録された読者様には新刊案内等お役にたつご案内を差し上げることがあります。愛読者名簿に登録してよろしいでしょうか。

□はい　　　□いいえ

飛行機って面白い!?
航空トリビア読本
〜日本陸海軍機編〜

9784499233156

「飛行機って面白い!? 航空トリビア読本〜日本陸海軍機編〜」アンケート

お買い上げいただき、ありがとうございました。今後の編集資料にさせていただきますので、下記の設問にお答えいただければ幸いです。ご協力をお願いいたします。なお、ご記入いただいたデータは編集の資料以外には使用いたしません。

①この本をお買い求めになったのはいつ頃ですか？

年　　月　　日頃（通学・通勤の途中・お昼休み・休日）に

②この本をお求めになった書店は？

（市・町・区）　　書店

③購入方法は？

1書店にて（平積・棚差し）　2書店で注文　3直接（通信販売）

注文でお買い上げのお客様へ　入手までの日数（　　日）

④この本をお知りになったきっかけは？

1書店店頭で　2新聞雑誌広告で（新聞雑誌名　　）

3モデルグラフィックスを見て　4アーマーモデリングを見て

5スケール アヴィエーションを見て

6記事・書評で（　　）

7その他（　　）

⑤この本をお求めになった動機は？

1テーマに興味があったので　2タイトルにひかれて

3装丁にひかれて　4著者にひかれて　5帯にひかれて

6内容紹介にひかれて　7広告・書評にひかれて

8その他（　　）

この本をお読みになった感想や著者・訳者へのご意見をどうぞ！

●ご記入の感想等を、書籍のPR等につかわせていただいてもよろしいですか？

□　実名で可　□　匿名で可　□　許可しない

ご協力ありがとうございました。抽選で図書カードを毎月20名様に贈呈いたします。なお、当選者の発表は賞品の発送をもってかえさせていただきます。

佐世保鎮守府からの呼び出しで、最終的に4名の操縦員が大村に戻ってきた。10月上旬で台風の直撃もあり、中旬まで元隊員は待機が続いたが、その間はアメリカ軍の宿舎や食事など好待遇が与えられたので、戸惑うことばかりだったという。この間、整備員は約20機の廃棄処分待ちの紫電改から6機を選び、再び飛べる状態に戻していた。試験飛行は10月13日で、紫電改1機につき、F4Uコルセア2機が護衛兼監視として付いている状態で試験が行われた。紫電改から弾薬は撤去されていたが、日本人操縦員を一切信用しておらず、不審な挙動をしたら即座に撃墜する命令が出ていたとのこと。

飛行試験は3日間、日本人搭乗員の「カミカゼ」を極度に恐れながら

【大村基地】1922年、長崎県の大村湾に面した陸地に大村海軍航空隊として創設されたもの。長らく戦闘機搭乗員の教育に携わっていたが、1944年7月以降、北九州に成都など中国奥地の基地を発進したB-29が来襲するようになると第三五二海軍航空隊が新編されて大村基地に展開し、旧来の大村海軍航空隊とともにその邀撃にあたることとなった。

【佐世保鎮守府】本土最西端の防衛と四国、並びに九州を出身地とする下士官兵の人事を管理していた組織。

続けられた。ハイオクタンのガソリンを充填した紫電改の飛行性能は、ほぼ予定通りのスペックを発揮して素晴らしかったが、これは兵装を撤去し、防弾鋼板も取り外して軽量化されていた効果もある。横須賀へ空輸された4機はアメリカ本土へ運ばれ、うち1機はその後スクラップ処分に、だが残る3機はフロリダ州のペンサコラ海軍航空博物館などで展示されている。

愛媛に安置された紫電改（その1）

１９７８年11月、愛媛県南宇和郡城辺町、現在の愛南町久良湾の、深さ40ｍほどの海底に紫電改が原形のまま沈んでいるのを地元ダイバーが発見した。翌年7月に回収された機体は三四三空の所属機であることは間違いなく、その後の調査から１９４５年7月24日、大村基地から敵大編隊の迎撃に飛び立った21機のうち、その日に帰還しなかった6機のいずれかであることが判明した。フットバーのセッティングが手前寄りであることから背の低い搭乗員と想定され、「空の宮本武蔵」の異名をとる武藤金義少尉機、あるいは米田伸也上飛曹機の可能性が高いが、遺品や遺骨など一切が発見されていないため、いまだに搭乗員は分からない。

【ペンサコラ海軍航空博物館】 正式には「国立海軍航空博物館」だが、立地から「ペンサコラ海軍航空博物館」と称されることが多い。１９６２年に開かれたアメリカ海軍と沿岸警備隊と航空史を紹介する施設で、１５０以上の機体を見ることができる。

【武藤金義】 操縦練習生の第32期生出身。開戦時から人格、そして技量に優れた戦闘機搭乗員として、自ら小隊長を務める以外に、隊長機や分隊長などの列機として戦った。１９４５年の米空母機動部隊東日本空襲の際、厚木基地上空でＦ６Ｆ 12機を相手に空戦を展開。2機を撃墜し、「空の宮本武蔵」と呼ばれるようになった。

愛媛に安置された紫電改（その2）

引き上げられた紫電改は、南予レクリエーション都市内に建設された紫電改展示館での展示が決まった。当時、参議院議員を務めていた元三四三空司令の源田実元大佐の働きかけによって引き揚げと保存資金が集められ、展示が実現したのだ。機体は不時着水時のプロペラの損傷や腐食がかなり目立つが、これは遺族の意向により、補修内容や塗装が、引き揚げ時の原形の維持と保存を最優先すると決まったことによる。武藤中尉（戦死後、進級）の夫人は7月24日の未帰還パイロット6名の共通遺品とすべしと発言しているが、実際、南レクの紫電改はそのような思いを受けて展示され続けている。

スクラップにされた紫電改

実は日本には海中から引き揚げられた紫電改が、もう1機あった。潮書房光人新社の『最強戦闘機紫電改』に掲載された写真と記事によれば、1955年12月25日、長崎県大村湾にあった第二一海軍航空廠前の海から引き上げられたもの。カウリングと動翼が失われたものの、プロペラにも墜落ダメージはなく、機体の状態は南レクの紫電改より

【源田実】 海軍兵学校第52期出身。横須賀海軍航空隊分隊長時代、報國号の献納イベントなどで曲芸飛行を披露したことから「源田サーカス」として有名になった。その後は参謀畑や航空本部など海軍中央の勤務が多く、「戦闘機が弱いから航空戦に勝てない。勝つための強い戦闘機隊を作ろう」として実現したのが有名な第三四三海軍航空隊。

【第二一海軍航空廠】 古い海軍航空隊には隣接して航空廠が設置されるのが慣例であったが、大村海軍航空隊の北側に軒を連ねていたのが第二一海軍航空廠（二一空廠と略される）。航空機の大掛かりな修理や還納された機体のリフレッシュを司り、流星や紫電改のライセンス生産も行なっている。

かなり良いことがわかる。破損の少なさから見て、終戦後に海中投棄されたものであると推測できるが、真相は謎だ。

　この大村湾の紫電改は、終戦直前に二一空廠で製作され、大村空に引き渡されたもの。機体番号の28という数字も鮮やかに残っていたということなどが、地元の新聞の取材で判明していた。あと一息で操縦員までたどり着けそうだが、そこまで追求した取材、調査はされなかったようだ。せっかく引き上げた機体であるが、これは即座にスクラップ処分されてしまった。戦後すぐ、ＧＨＱの指示により日本軍機の大多数が埋め立てなどによって処分された世相もあったが、

旧軍兵器に対する歴史的、資料的価値という考えはまだ希薄な時代の出来事で、最初からサルベージ業者が現金化するのを目的として引き上げられたのであった。

三四三空、その知名度故に

愛媛県南宇和の紫電改も三四三空所属機だが、アメリカにある残り2機、スミソニアン国立航空宇宙博物館の展示機は、もともとウイローグローブ海軍基地で野ざらしになり、なかば廃棄同然だった機体を修復したもの。大村基地から運ばれた機体であることは確実ながら、三四三空所属を示す垂直尾翼の「機番号A35」は根拠がなく、スミソニアンの希望の反映か。もう1機のオハイオ州ライト・パターソン空軍基地内の博物館にある「機番号A11」の機体は額面通りなら杉田庄一上飛曹や菅野直大尉の乗機となった伝説級の機体だが、これも確証はない。いずれにしても三四三空の知名度はさすがだ。

川西戦闘機トリオの現存状況

強風、紫電、紫電改の川西戦闘機トリオ、大戦後期に生産されたこれらの機体の現

【スミソニアン国立宇宙航空博物館】 飛行機ファンの聖地とも言える、世界最大規模の航空博物館。アメリカの首都ワシントン州にある本館と、同州郊外にある分館とがあり、第二次世界大戦期の日本軍機が多く収蔵されているのは分館の方。

【機番号A11】 日本海軍機の塗装や特定の個人が搭乗した機体の機番号を特定するのには、現存する戦闘詳報や行動調書が用いられる。そのなかで戦闘第三〇一飛行隊長の菅野直大尉や杉田庄一上飛曹が搭乗した機体として記録されているのが「343－A11」号機。ライト・パターソン空軍基地の機体はこれを再現したものといえるが、実際の機体は垂直安定板の面積が大きい紫電二一型であった可能性が高い（現存機は紫電二一型甲）。

存状況はどうなっているのか。結論から言うとかなりいびつな状況にある。というのも、紫電改は前述したように国内外に4機現存、100機も生産されていない強風でさえ3機の存在が確認できるのに対して、約1000機製造された紫電は1機も残っていない。もっとも強風はすべてアメリカに持ち去られているので、簡単に見られないのが残念なところ。それにしても紫電については、技術のつながりでは強風から紫電改への中継ぎのような扱いであるが、実機がないため、姉妹機に比べて研究や実態解明が遅れた戦闘機であった。

紫電改の応急食

洋上不時着で生存したとしても、乗員は救助されるまでかなりの時間自活することを覚悟しなければならない。そうした漂流に備えたのが不時着糧食で、乾パンなどの主食品、肉、野菜缶詰などの副食品、ラム、ジン、焼酎などの強い酒と、特殊栄養食が入っていた。

一食あたり1300kcal計算なので非常食としては充分か。小型機用は6食分、大型機では16食分が一梱包になっていて、頑丈かつ充分な浮力がある容器に入れられていた。紫電改ではこの6食分が入った携行缶を座席の下に置いていたが、救命胴衣で浮いている状態でこれを食べるのは困難だったはず。

艦戦紫電改があったなら

紫電改の空母発着艦が試された事がある。1944年11月のこと。東京湾内を航行する空母『信濃』において試みられた。この際に用いられたのは尾部胴体を補強して着艦フックを取り付け、このフックを巻き上げるハンドルを操縦席に増設、また着艦直前の三点引き起こし姿勢の安定度を増すためのフラップ角度を調整した試験機であった。紫電改には着地時に尾部がふわふわと浮いてしまう性質があり、着艦フックを正しく作動させるには、フラップの調整が欠かせなかったのである。初めての着艦は、横須賀海軍航空隊飛行審査部の山本重久大尉（のち少佐）によって実施された。

艦戦試験型の紫電改は2度、タッチ・アンド・ゴーを試みたあと、ついに本番。新型戦闘機、しかも局地戦闘機改造機の初の試みで、重大事故に直結しかねない空母への着艦実験の行方に作業員は固唾を呑んだ。しかし不安を他所に、見事な三点姿勢を

【信濃】　戦艦大和の3番艦として起工されたことで有名。ミッドウェー海戦の敗戦により空母へ改造されることになり、1944年秋には終末試験（公試、竣工前の調整）を行なっていた。その際に烈風や紫電改による発着艦試験も実施されている。B－29が来襲するようになったため、名目上は竣工させて残工事を呉海軍工廠で行うべく横須賀を発した『信濃』は11月29日にアメリカ海軍潜水艦『アーチャーフィッシュ』により撃沈される。

【着艦フック】　着艦拘束鈎とも。艦上機の必需品で、これにより空母上の着艦ワイヤーを掴んで機体を強制的に制止させる。

とった紫電改の着艦フックは、理想とされる第3制動策をつかみ、『信濃』艦上に停止した。引き続き、発艦後にもういちど着艦が試みられたが、これも難なく成功し、紫電改の素性の良さが証明されたのであった。無論、１９４４年末に紫電改を艦戦化するメリットはないけれど、もし艦戦化となると、航続距離とかいじくりまわされて、紫電改とはまったく別物になりそうだ。

「薬用紫電改」の戦い

なぜか紫電改は薬の名前になっている。それも育毛剤だ。いわゆる「薬用紫電改」の発売は、１９８１年のこと。テレビで頻繁にＣＭが流れていたことと、いわゆる「ハゲ」ネタが大好きな子供世代にウケけたこともあり、紫電改の名が思いがけない方向に波及していったのであった。だけどこの育毛剤、元は１９６０年に「発毛剤シ

【タッチ・アンド・ゴー】滑走路で行なう航空機操作のひとつで、着陸後、完全に止まらず、そのまま離陸体制へと移行することを指す航空用語。固定翼機の習熟訓練で、何度も繰り返し行なわれる。

デン」として発売された商品の改良版。だから「改」なのである。もっとも、シデンの発明者である荻原義秀氏は海軍兵学校の出身者で、戦後に薬学を志し、青汁の事業化に成功した人物とのことで、いろいろ腑に落ちる。奇跡の育毛剤「薬用紫電改」にあやかり、間に合わなかった系兵器名で改めて育毛剤のネーミングを検討してみたが、「薬用彗星」は長い毛が生えてきそうだけど短命そうだし、「薬用流星」なんて流れて消えるとかあり得ない。「薬用秋水」はものすごく身体に危なそう……。うむ、やはり「薬用紫電改」のセーミングセンスは秀逸すぎる。

知ってると得する飛行機トリビア

6

ちょこっと小話

国産飛行機の偉大な一歩

日本で初めて飛行機が飛んだのは1910年12月、所沢飛行場での徳川・日野両陸軍大尉によるものだ。このことはよく知られているが、一方で国産飛行機の初飛行はというと、翌年5月、奈良原三次氏が設計した奈良原式二号機によるもので、高度4m、距離60mを記録している。時期を考えれば微々たる前進ではあるが、軍主導でなければ先端技術の取得が困難であった当時とすれば、民間計画機が初飛行を記録した意味は非常に大きい。

水上機開発の真意

第一次世界大戦直後のヨーロッパでは、水上機文化が花開いた。一世を風靡したシュナイダー・トロフィーも水上機のレースである。以後、航空機の高性能化にともない、１９２０年代末には水上機は影が薄い存在となったが、日本では広大な太平洋でアメリカ軍を相手にする上で、最低限のインフラ整備だけで広い海を滑走路として使える水上機にかける期待が大きかった。マルチロールの二座機、長距離偵察用の三座機に加え、潜水艦搭載型の水偵まで整備したのも、太平洋という特殊な戦場に対応するためであった。また、新たに「観測」という役を担う機体も登場することとなる。

海軍で唯一の観測機

零式観測機の「観測」とは、弾着観測のこと。二座水偵には艦隊同士の砲撃戦で上空から敵艦に対する弾着を観測し、味方に砲撃精度を伝達する任務が長らく課せられていた。しかし戦艦の主砲が大型化すると、７０００ｍ程度まで上昇しなければ観測の効果がないと考えられ、従来の九五水偵では任務に堪えなかった。そこで高空での

【シュナイダー・トロフィー】

1913年から1931年までヨーロッパ各地で開催された水上機、飛行艇のレース。優勝者には、スピードの象徴である西風の神「ゼファイル」が冠されたトロフィーが贈呈された。

弾着観測を主任務とした、上昇性能に優れる軽量の二座水偵が求められ、零式観測機が生まれたのである。その名が示すように、零観は従来の水偵とは一線を画する、海軍で唯一の観測機であった。

当然、戦艦同士、主力艦同士の砲撃戦となれば、敵も観測機を飛ばすだろうから、砲撃戦を有利に進めるためにも絶対に敵観測機には撃ち勝たねばならない。そこで零観は7.7㎜機銃を3挺も積み込み、かつ格闘戦を重視して旋回性、運動性に優れた複葉機の姿を選んでいたのである。

佐世保海軍航空隊の零式観測機。3挺の7.7㎜機銃は機首に2挺、後方の旋回銃座に1挺搭載搭載され、水上機としては上々の格闘性能を有した。

異色の設計技師

三菱航空機は学歴を重視する社風が強く、エリートである設計部門は東大航空学科卒が普通であった。しかし同社で零式観測機の設計を担当した佐野榮太郎技師は、高等小学校から三菱造船の青年学校に進み、航空部門の増強にともない抜擢されたという異色の経歴の持ち主だ。学歴は無かったが、航空機設計に関する才気と研究心にあふれ、やがて正式に技師に昇進した。七試艦上戦闘機の次席技師として、のちに零戦を生んだ堀越二郎技師を補佐しているあたり、その能力の高さがうかがい知れるだろう。

佐野榮太郎技師は創意工夫の天才であった。まだ零式観測機が十試水上観測機として開発中に、操縦桿と舵を繋ぐ操縦策の剛性を落とすと、低速時と高速時の舵の利きの差が無くなるのではと思いつき、実行する。これは堀越二郎が零戦設計時に剛性低下式操縦索を導入するより、1年以上早い発見である。また従来の操縦桿から機銃発射レバーを分離して、零戦の発射レバーをスロットルレバーと組み合わせたのも佐野技師の発案であった。機銃発射時に力が入って機体がぶれるのを防止できるようになり、零戦の戦力アップに貢献している。

当事者は区別できたのかしら

零式観測機と名前が紛らわしいのが、同じ年度に制式制定された零式水上偵察機。

【七試艦上戦闘機】 堀越二郎を主任設計者に据えた初の試作戦闘機。全金属製単葉固定式脚という野心的な機体だが失敗。宮崎駿監督の映画『風立ちぬ』では派手な墜落シーンで描かれている。この時の海軍側テストパイロットはのちに第七二一海軍航空隊の司令となる岡村基春大尉だった。

七試艦上戦闘機

前者は二座で単フロート、後者は三座で双フロートという違いがあるけれど、需要なのは用途の違い。三座・双フロートは長時間の飛行が可能で、偵察員と電信員が個別にいるので航法と通信能力が高く、艦隊の目として長距離偵察に使われる。一方、二座・単フロート機の場合、小型軽量で、簡単な偵察から対潜攻撃や地上掃射の他、敵偵察機との空中戦など、万能機として重宝された。

零戦生まれの二式水戦

強風（十五試水戦）の開発と同時に、海軍では中島飛行機にその中継ぎとなる零戦ベースの水上戦闘機の開発を命じた。これが二式水上戦闘機だ。海軍の作戦構想では、南方では陸上基地が建設されて航空隊が展開するまでのつなぎに水戦部隊が必要とされたわけだが、強風の開発が遅れていたために、手っ取り早く零戦を水上戦闘機にしようと考えたわけだ。とはいえ零戦の水密も改めねばならないので、ゲタを履かせただけでは水戦にはならず、結局は新型機開発並みの作業量となった。それでもガ島攻防戦の初戦では活躍し、大戦中に活躍した唯一の水戦という評価を得ることになった。

【単フロート／双フロート】 浮舟型水上機のフロート配置にはいくつか種類があるが、大多数は単・双フロート式のどちらかである。単フロート式は1つのフロートを胴体下部に配し、一般的には主翼下に補助フロートを装備している。

【ゲタ】 浮舟（フロート）、またはポンツーンのこと。

現存する最後の二式水戦？

総生産数２５０機を超える二式水戦だが、太平洋での敗勢の中で損耗を重ね、終戦時には24機しか残っていなかった。これらも随時スクラップにされてしまい、二式水戦は現存していない。しかし２０１５年6月にチューク（かつてトラックと呼ばれた環礁）のウエノ島沖、水深30ｍほどの海底で二式水戦の残骸が発見された。特徴的なメインフロートを喪失しているが、それ以外は比較的良好な状態を保っている。

迷惑な夜中の洗濯機

あまり知られていないけれど、ガ島に侵攻したアメリカ海軍海兵隊を悩ませていたのが日本の水上機部隊、通称「R方面航空部隊」。というのもラバウル航空隊の作戦行動は、途中のブーゲンビルなどに隠れていた沿岸監視隊の無線網でほぼ丸裸にされたけど、ショートランド泊地から夜間出撃する日本の水上機はこの監視網には引っかからなかったからだ。単機、ないし数機で突然現れた日本軍水上機は、爆弾を落として去っていく。独特のバタバタとしたエンジン音は「チャーリー式洗濯機」と呼ばれ、

【ブーゲンビル島】 ソロモン諸島最大の島で、ラバウルとガダルカナル島の中間に位置する地理的要因から、多くの基地・飛行場が建設された。１９４３年11月に連合軍が上陸すると、終戦で日本が降伏するまで激しい攻防戦が展開された。

【チャーリー】 第二次世界大戦中、日本兵を指す蔑称として使われた言葉のひとつ。由来は１９２０年代後半に人気を博した推理小説に登場するアジア系の刑事「チャーリー・チャン」から。

ガ島だけでなく戦争を通じて多くのアメリカ兵を睡眠障害で苦しめたのであった。

水上機メーカーの王様たち

戦時中は海軍水上機開発のほとんどを手がけ、水上機王国となった川西航空機は、戦後、新明和工業と改まったのちにも自衛隊に対潜哨戒飛行艇ＰＳ－１や、救難飛行艇ＵＳ－２などを納入して健在である。ところが川西財閥の創業者、川西清兵衛は毛織物業で財を成した実業家であり、航空業界に関しては中島飛行機に出資するなど、事業としての興味しか持っていなかった。そして中島知久平が手っ取り早く儲かる海外ライセンスを嫌がり、独自開発路線に舵を切ったことから対立、清兵衛はスタッフを引き抜いて日本航空株式会社を興してしまう。これが川西航空機の前身だ。後発メーカーとして、ニッチな水上機に絞ったのが成功の秘訣であっ

【PS-1】新明和工業の独自開発による戦後初の国産対潜哨戒機。投下式ソノブイによる、より効率的な対潜哨戒が可能なP-3Cの導入が決定するとPS-1は無用の長物と化したが、のちに多用途水陸両用機へと改修され、US-1として新たな人生を歩むこととなる。

【US-2】US-1の後継にあたる救難機で、外見はほぼ同じだが、与圧キャビンを搭載して捜索能力を向上させるなど、様々な改良がなされている。

たのだろう。川西航空機の詳しい歴史については本書151ページから解説している。

水上機母艦『日進』の危機

千歳型2隻と『瑞穂』、そして『日進』の4隻は、ロンドン海軍軍縮条約をかいくぐり、将来は空母あれる予定で、分類は水上機母艦であったが、それぞれが複雑な建造経緯や艦種変更を経て完成にこぎ着けている。『日進』も大型機雷敷設艦として起工されたのち、建造中に水上機母艦兼特殊潜航艇母艦へと変更して竣工した。ここまでは事実上の姉妹艦である『瑞穂』と同様だが、敵に肉薄して強行機雷敷設もできるように、14㎝連装砲塔を3基備えるなど軽巡洋艦並みの強力なものとなっている。

『日進』はミッドウェー作戦に従事したのち、ガ島方面の輸送任務に投入された。

1942年10月4日未明、ショートランド泊地を目指す『日進』とその護衛部隊に、5機のB-17爆撃機が襲いかかる。この時、ショートランドの水上機基地から水戦と零観、合計10機が駆けつけたが、難敵に業を煮やした1機の零式観測機が、隊長機のB-17に体当たりして、もろともに撃墜した。指揮官機を失った敵編隊は退避して、『日進』は救われた。この時の零観の乗員2人は、落下傘で脱出して無事救助されている。

【日進】 水上機母艦『日進』は艦の前半は14㎝連装砲3基を搭載した軽巡洋艦、中部は大型デリックを搭載した輸送艦、後半はカタパルトを搭載した水上機母艦で、船体内には小型潜航艇の甲標的母艦という、夢のような艦であった。

【ロンドン海軍軍縮条約】 1922年のワシントン海軍軍縮条約は、巡洋艦以下の艦艇に対する保有に制限を設けなかった。対して1930年締結のロンドン海軍軍縮条約は、駆逐艦や潜水艦の保有制限を含む、より包括的な条約であった。

【14㎝連装砲塔】 日本海軍の軽巡洋艦は日本人の体格に合わせて14㎝主砲を多用した。これを連装砲化したものは軽巡洋艦『夕張』や香取型練習巡洋艦などに搭載された。

特攻に役だった水上機

残念な話ではあるが、大戦末期になると水上機も多数、特攻に投入された。その好例が第一〇航空艦隊で、終戦の年の春に水上機を中心に編成された特攻隊が、琴平《ことひら》水心隊、魁隊《さきがけたい》などと呼ばれていた。彼らは5月4日に鹿児島県指宿を進発して沖縄に急行、この時、米駆逐艦『モリソン』は7機の九四式水偵に襲われて2機の体当たりを受け、撃沈されている。また布張りの旧式機も特攻に駆り出され、7月29日には九三式陸上中間練習機8機からなる竜虎隊が米駆逐艦『キャラハン』の機関室に体当たりして撃沈に追い込んでいる。これら旧式練習機は鋼管骨組みの木製布張り構造なので、捜索レーダーや防空用のＶＴ信管が反応しなかったことが特攻成功の一因とされている。

連合軍を震撼させた特攻作戦

神風特別攻撃は、作戦、戦略的にはなんら得ることなく、多くの貴重な人材を死に追いやった帝国陸海軍上層部の愚行の象徴ともなっている。ただしこれを受けた連合国側の被害、特に人的被害は凄まじかった。撃沈数は少ないが、フィリピン戦以降の

【第一〇航空艦隊】 日本海軍の航空機搭乗員教育は練習航空隊で行われ、これを海軍練習連合航空総隊が統括していたが、１９４５年3月、決戦海面が本土に近づくにつれこれらを実戦部隊として投入するために改編したのが第十航空艦隊であった。沖縄作戦に特攻隊を繰り出して疲弊した各航空隊は5月5日付けで解体されるなどして集約された。

【VT信管】 従来の高射砲弾は時限信管であったが、航空機の高速化に伴ってその近くを通った際に作動するように電波を利用した信管のこと。正式名称はProximity fuzeで、日本語に訳すと近接信管となるが、Variable-Time fuzeの頭文字をとってVT信管とも表記される。

戦闘行為による戦死者数は1万1392名で、うち8割は特攻によると見なされている。これは直接特攻に関わった日本側搭乗員を上回る戦死者であり、補助艦艇の民間船員や輸送中の陸軍兵士などを入れると数字はさらに跳ね上がる。艦橋を狙うため高級将校の犠牲が多いのも特徴で、戦艦『ニューメキシコ』への体当たりでは、同乗していたイギリス陸軍、ハーバード・ラムズデン中将が艦橋で戦死している。

特攻機によるもしも

ハーバード・ラムズデン陸軍中将が乗っていた戦艦『ニューメキシコ』には、イギリス太平洋艦隊（東洋艦隊を改称）司令のブルース・フレーザー海軍大将も同乗しており、たまたま艦橋から席を外したタイミングでの特攻であったため難を逃れられた。もし命中時に艦橋にいて犠牲になっていたら、イギリス海軍はマレー沖海戦のトーマス・フィリップス提督と二代続きで艦隊司令官が犠牲になる不名誉を賜るところであった。また日本を散々手こずらせた第58任務部隊司令のマーク・ミッチャー提督は、特攻による被害の大きさと部隊の士気低下に加えて、自身も特攻を受けて死にかけるなどの心労で激ヤセし、指揮官交代を強いられるほど消耗した。

【ニューメキシコ】 アメリカのニューメキシコ級戦艦のネームシップ。日本海軍は3番艦のアイダホをネームシップと誤認し、アイダホ型戦艦と呼称していた。ニューメキシコは1945年のルソン侵攻戦、沖縄戦における苛烈な特攻攻撃を耐え抜き、修理後、東京湾で行なわれた降伏文書調印式に臨席した。

【ハーバード・ラムズデン】 二度の世界大戦に従事した1897年生まれのイギリス陸軍軍人。ダンケルク撤退作戦における指揮が評され、アフリカ戦線でイギリス戦車部隊を率いていたが、上官（モントゴメリー将軍）の怒りを買い更迭。チャーチル首相の代理武官として太平洋戦線へと赴くこととなった。

九州 J7W1 震電

試作段階で留まりながら、もっとも人気がある日本軍機に常に名前が挙がるのが震電だ。30㎜機銃4挺という異例の重武装を可能にしたエンテ翼構造、強力な上昇性能を思わせる6翅プロペラ。このような革新的な戦闘機を、三菱でも中島でもなく、ライセンス生産中心の九州飛行機が開発したという物語性。ともすれば失望ばかりが募る末期日本軍において、救世主的な光を放っているのが震電の人気の正体だ。しかし局地戦闘機「震電」は攻め寄せる敵機から重要拠点を守るための、受け身の兵器である。攻勢のために戦備を整えていた海軍の思想とは相反する兵器であり、前線拠点の防空用ならいざ知らず、本土防空を目的に海軍が局戦を必要とする戦況が、そもそも間違えている。まぁ、そんな理屈は震電にとっては、あずかり知らぬことだけど。

戦後、進駐してきた連合軍の命令により修復された震電試作機。
本機は研究のため、1945年10月にアメリカへ輸送された。

【6翅プロペラ】 翅（し）はプロペラブレードの枚数の単位。一般的にプロペラブレードの枚数はエンジン出力の大きさによって変わり、第二次世界大戦期の単発戦闘機（1000～2000馬力程度）は3翅、ないし4翅プロペラの機体が多い。

完成までは道半ば

ただ、震電は試作とわずかな飛行試験にとどまっただけに、手放しで完成品と褒めるワケには行かない。まずはひと目で弱点であるとわかる華奢な降着装置。離着陸時のプロペラのクリアランスを確保する必要から、前脚、主脚とも2m近い異形の姿となってしまった。また側翼の下に付いている小型車輪は、離陸時にプロペラが地面を叩く事故が起こり、これを防ぐために応急的に機上作業練習機「白菊」の尾輪を取り付けたもの。最終的には主脚の設置位置を後ろにずらしてこの補助輪は外す予定であったとされるが、完成形の姿は想像するほかない。

【白菊】 洋上を飛ぶ日本海軍機では操縦員と同等に重要な偵察員（推測航法を担当）と電信員（無線機や旋回機銃を取り扱う。二座機の場合は偵察員がこれを兼ねる）を養成するための機体。震電と同じく九州飛行機により設計、製造され、大戦末期には特攻機としても使用された。

一時しのぎの6翅プロペラ

震電をつぶさに見て目を惹かれるのは、やはりなんといっても日本機には見慣れないマッシブな6翅プロペラ。構造も精密なＶＤＭ式の可変ピッチプロペラであった。ただ、これは推力相応に強烈な回転反力を生むため、特に離陸時にはトルクがかかる逆側に操縦桿を入れっぱなしにしなければならない厄介者であった。二重反転ペラにすれば万事解決なのだが、日本では基礎研究も済んでいない技術。それどころか可変ピッチ式も手に余ったため、４号機以降の震電では、１翅あたりの表面積を１.５倍に増やした4翅プロペラに改める予定であった。

傑作局戦の矛盾点

もし震電が技術的混案をクリアして量産化されたなら、本土空襲に来寇するB-29爆撃機にはかなりの脅威になっただろう。とはいえ、戦局の好転には寄与しない。なぜなら震電が属する局地戦闘機とは、すなわち防空戦闘機のことであり、防空戦闘を強いられているという、劣勢を抜本的に覆すタイプの戦闘機ではないからだ。せいぜ

【VDM】「合同ドイツ製鋼」の略称。戦間期と第二次世界大戦中、ドイツ空軍機向け可変ピッチプロペラの、もっともメジャーな供給元であった。かつてBMWを「ベンベー」と発音したように、VDMは「ファーデーム」と言った。

【可変ピッチプロペラ】 プロペラの角度を変えることでより効率よく馬力を稼いだり、抵抗をなくしたりする機能の付いたもの。車のギヤと同じ働きをする。日本では住友ハミルトン式が一般的で、日本楽器製造（現ヤマハ発動機）でも陸軍向け可変ピッチプロペラが生産された。

い、敵重爆の損害を増やすことで敵戦略爆撃部隊の戦意を下げて講和の一助とするのが狙いとなる。しかし冷静に考えれば護衛のＰ－51Ｄという難敵への対処も考えねばならず、相当に厳しい防空戦になったことに疑いはない。

ハードルが高い運用基盤

震電の運用にはもうひとつ重大な問題がある。まずプッシャー機では前輪が跳ね上げる小石などがプロペラに吸い込まれて損傷する可能性があるため、コンクリートやアスファルトなどで舗装された飛行場でなければ安全な運用はできない。しかし当時、大半の飛行場が整地しただけの未舗装滑走路であったことからすると、震電の展開は文字通り、局地的なものにならざるを得ない。これはジェット化しても同じことだ。震電をめぐる伝説のひとつに、「ネ１３０」ジェットエンジンの搭載計画が喧伝されるが、そもそもジェット用の舗装滑走路からして夢想もできない戦況であったことを忘れてはならない。

【プッシャー機】 エンジンを機体の後部に搭載して後ろ向きにプロペラを有する機体。機体を後ろから押すからプッシャー機。一般的にエンジンを機首に搭載する形式の機体はトラクター機（あるいはトラクター式）と呼ばれる。

【ネ１３０】 戦時中の１９４２年に創立した石川島芝浦タービンにより、１９４４年に開発に着手されたジェットエンジン。１９４５年３月に第１号機が完成し、試運転を開始したが終戦までに実用化できなかった。計画推力は９００kg。

消えていく古い言葉

震電を先尾翼機と呼ぶ時代が続いていた。水平尾翼を主翼より前、機体先端付近に取り付けているといった意味の用語で、確かに外見を説明するには悪くない。けれど、水平尾翼は本来は主翼に対してマイナスの揚力を生む働きをするのに対して、エンテ機の前翼は面積相応に飛行に必要な揚力を生むので、根本的な役割が違う。この点を指摘して、震電開発者の鶴野正敬氏（元海軍技術大尉）は震電を先尾翼機と呼ぶのは適切ではないと明言している。現在では前翼機、エンテ機と呼ぶのが一般的になっている。

秋水が突きつける日独技術格差

技術のコピーは実はそんなに難しいことではない。戦時中の日本であれば、欧米の高性能兵器のコピーはそれほど難事業ではなかった。だけどそれは表面的なスペックや一品ものの話。量産して、部隊運用するとなれば話は大きく変わってくる。大戦末期の兵器開発には、すべからくこの「量産して、部隊運用するとなれば……」問題が付いてまわる。局地戦闘機「秋水」は、この欧米と日本との差を最もわかりやすく突きつける残酷な兵器でもある。遣独潜水艦作戦ではるばるヨーロッパからインド洋経由で運んだ図面を元に、たった1年の開発期間でドイツ空軍の秘密兵器と同じものが作れたぞ！　と思いきや、そこからが真の問題であったからだ。

危険すぎる燃料問題

一つの実例が秋水の燃料。甲液（過酸化水素水）に乙液（メタノールと水加ヒドラジンを主成分とする混合液）を化学反応させて、その噴射エネルギーで空を飛ぶという仕組みの秋水だが、この燃料調達が難題。実験室なら簡単に得られる薬品だが、甲液は異物が混入すると爆発しやすく、有機物の腐食性がすごい。つまり保存には純度の高い陶器やガラス容器が大量に必要で、もし人間にかかったりすれば短時間でゼリーにしてしまうから取

【遣独潜水艦作戦】　地球の反対側どうしで同盟を結んでしまった日本がドイツと物理的な連絡を取る手段は潜水艦によるものであった。ここで考えられたのが搭載容積の多い日本海軍の伊号潜水艦で相互で不足している物資や技術を行き来させること。日本からは第1便で伊30、第2便で伊8、第3便で伊34、第4便で伊29、第5便で伊52がドイツへ向かったが、往復ともに成功したのは伊8だけで、残り4隻は全て撃沈されている。

り扱いには安全措置が必須。そんな設備を持つ化学薬品工場をまず探さねばならず、あったとして学徒動員の臨時工員に扱わせるべき代物かためらわれる。

よしんば燃料を大量生産できたとして、どのように運搬するのか？　輸送トラックも舗装道路もろくになく、あってもガソリンや軽油が枯渇している。主要鉄道は空襲で寸断されている状況。海上輸送も同じこと。また基地に貯蔵するにしても、秋水は一度の出撃で燃料を2t近く消費する。仮に9～12機ほどの中隊規模が出動するなら、一度に20～30tを消費する。これをまかないえる貯蔵施設はもちろん、デリケートな薬品を扱う技術者や熟練整備員も必須となる。当然、パイロットだけでなく、整備員の訓練も通常の整備学校では手に負えず、ロケット機専門の教育コースや施設が必要になる。

どこから飛ばそう？

部隊配備も問題だ。秋水の離陸には全舗装の滑走路が必要。しかし降着には橇を使うので、こちらは平坦な草地が望ましい。だが、そもそも舗装された飛行場自体が日本には少ない。さらに秋水は飛行時間がたったの4分弱なので、迎撃範囲が狭い。な

【学徒動員】　太平洋戦争後期、日本の深刻な労働力不足を解消するために、中等学校（今の高校のこと）の学生たちが、軍需工場やその他の生産設備に動員された。

【Me163コメート】　ドイツ空軍の迎撃戦闘機で、実戦に投入された唯一の実用ロケット推進機。驚異的な上昇力で連合軍側を驚かせたが、戦局を変えるにはあまりに少ない数が遅い時期に投入されたことと、連合軍爆撃機がMe163配備基地を避けたルートを飛行するようになったため、思うような戦果をあげることは出来ずに終戦を迎えた。

ので帝都を守ろうとすれば、何カ所も発進基地が必要となる。後付けを承知で言うなら、Ｍｅ１６３コメートの資料がもたらされた時点で判断材料にできたことばかりのはず。なんというか先の見えない敗勢の中で、とにかく目先の大きな事業にしがみついて現実逃避したかったという批判も成り立つ。軍関係者の思考停止が秋水からは透けて見えてしまう。

繭玉から生まれた橘花？

ジェット戦闘機「橘花」の機体開発は中島飛行機が担当したが、開発設計室があった群馬県の小泉製作所が空襲で壊滅したため、製作は近隣の養蚕農家に臨時工場を設けて続けられた。中島飛行機のお膝元、群馬県東部は生糸の原料となる蚕の養殖がさかんであり、ちょっとした小工場に転用できる蚕棚置き場がある養蚕農家の建物を借

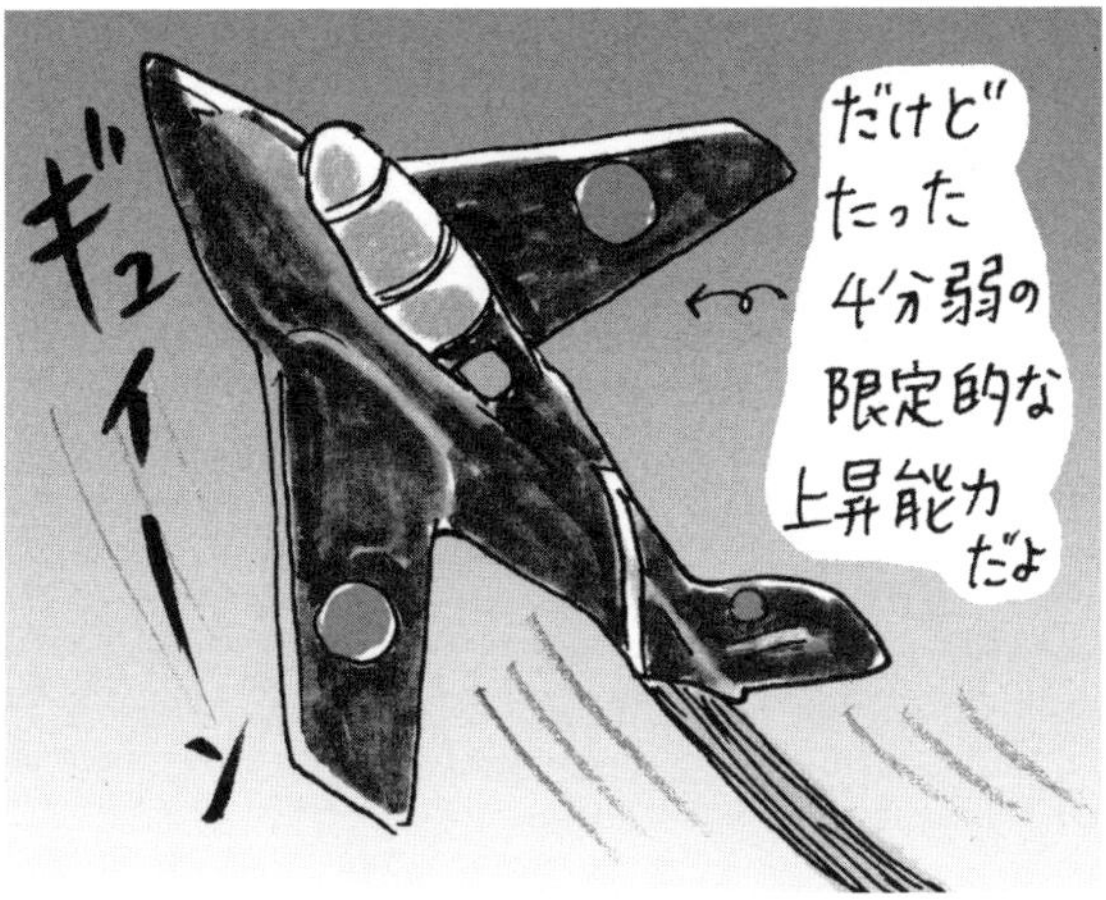

Me163コメート

秋水

りたのである。6月までに完成した機体は木更津に運ばれ、そこで空技廠が開発した「ネ20」エンジンと組み合わされた。そして8月7日、少量の松根油を積んだ橘花は、約12分の試験飛行に成功し、日本初のジェット飛行に成功したのであった。

橘花の運用法

　橘花には特殊攻撃機という聞き慣れない機種名が与えられていたが、これは一般的な艦爆・艦攻などとは違った攻撃を行なうことを意味している。橘花の場合は、陸上基地から発進し、敵艦艇を緩降下ないし水平爆撃するという機体であった。通常、対艦攻撃をする爆撃機は護衛戦闘機を必要とする。しかし速度に秀でた橘花であれば、護衛戦闘機がなくても敵の哨戒機を振り切って、空母や戦艦、輸送船といった艦艇に肉薄できるという目論見である。ただ、敵機回避と艦艇への爆撃という複雑なミッションをこなすのは熟練パイロットでも難しい。橘花が量産されたとしても戦力化は望めず、体当たり攻撃に転用されたであろうことは容易に想像つく。

　それにしても不可解なのが橘花の運用方針。本土が敵爆撃機によって空襲を受けている現状、ジェットはその特性から高々度迎撃戦闘機として用いるのがベストに決ま

【ネ20】 太平洋戦争中の日本で実用化の域に達した初のジェットエンジン。かねてより進められていた空技廠のジェットエンジン研究に石川島重工業が加わり、かつドイツからの技術情報を反映したもので、特殊攻撃機「橘花」に搭載され、初飛行を成功させている。現在はIHIの資料館に1基、アメリカのスミソニアン博物館にもう1基現存している。

【松根油】 文字通り、松の根っこから取れる油。石油資源の枯渇に悩む日本では1944年夏頃からこれを航空燃料に代用する計画が進められた。今でいうバイオ燃料の一種だが、効率が著しく悪く、実際に戦中の日本では実用化されなかった（立派な松林が伐採されて消えただけだった）。

っている。例え未熟な搭乗員でも、敵爆撃機のコースを変えさせたり、回避行動をとらせるだけで、燃料を消費した爆撃機は帰還せざるを得なかったりする。ところが海軍は橘花を対艦攻撃に使おうとした。これは本土決戦「決号作戦」において、海軍は持てる戦力で敵上陸部隊の輸送船を叩くこととなっていたからだ。当然、その決号作戦の時期に開発中の橘花も、この線で運用されることになる。

ただ、橘花の運用には海軍の事情もある。本土決戦になり敵が本土に上陸すると海軍の出番はない。使える艦艇はなく、海軍陸戦隊もいるけれど、陸軍ほど長期間に大規模陸上戦闘を戦う力はない。海軍の残存戦力は、本土決戦となれば否応なしに陸軍の指揮下に入れられてしまう。これは防空迎撃戦闘でも同じ事。ならば海軍は権限が及ぶうちに保有戦力を自らの判断で使い切ろ

試験飛行の前、滑走路の長さ不足の懸念から、ロケット補助推進離陸（RATO）用のブースターを胴体下部に取り付けた橘花。

【決号作戦】 いわゆる日本本土における陸上戦闘を含めた本土決戦のこと。

うと考える。それが橘花による敵艦隊攻撃という発想を生んだのだ。ナチスドイツの総統ヒトラーは、「迎撃戦闘では戦争に勝てない」と勝手なことを言ってＭｅ２６２戦闘機の爆撃機（Ａ-２Ａ）型の開発を命じたが、日本の場合は、組織の論理が先行したというわけだ。

現存する震電と橘花

アメリカ、ヴァージニア州のシャンティリーにある国立航空宇宙博物館の復元施設倉庫には、戦後、アメリカが接収した震電と橘花が保管されている。震電は大型パーツの分解状態（機首のみ展示中）であるが、橘花についてはほぼ原形を留めた状態で保管されており、２０１７年からはスミソニアン国立航空宇宙博物館分館のボーイング・ハンガーで一般公開されるようになった。さらにここから車で3時間ほどの同州ノーフォークにあるミリタリー・アヴィエーション・ミュージアム（ＭＡＭ）にはＭｅ２６２が飛行可能状態で保管されている。枢軸軍ジェットを一気に見れるという貴重な体験ができる。

【Ｍｅ２６２】ドイツのメッサーシュミット社によって開発・生産された世界初の実用ジェット戦闘機および戦闘爆撃機。３㎝機関砲を機首に４門搭載という重武装で、Ｂ-17のような頑丈な連合軍爆撃機を容易に撃墜することができた。

Me262

幻の十七試局戦「閃電」

十四試局地戦闘機は雷電、一号局地戦闘機は紫電として形になったが、その次に計画された十七試局地戦闘機は三菱が担当。試作発注は開戦後の１９４２年6月だけど、同社はすでに社内名称Ｍ-60として開発に着手していた。高度８０００ｍで時速７００kmを目指すという破格の高性能を目指すため、双胴形態で前車輪式降着装置を備えたプッシャー機という、かなり過激な試作案で挑む。しかしエンジンの冷却問題など事前に洗い出された問題が多すぎた上に、三菱自体に開発する余裕がなく、１９４４年10月に試作整理の対象として打ち切られた。閃電という仮称のとおり、残光だけ残して消えてしまったのだね。

知ってると得する飛行機トリビア

7

ちょこっと小話

レシプロからジェットへ

世界初のジェット機はハインケルHe178であるが、これは機密であったため、一般には1940年に初飛行したカプロニ・カンピーニN1が第1号とされる。ただし動力は純粋なジェットではなく、イソッタ・フラスキーニ製V12レシプロエンジンに繋いだコンプレッサーで圧縮空気を作り出すという、いわゆるモータージェットある。そんな発展性ゼロの機体ではあるけど、航空史に名を刻んだカプロニのジェットの実機は現存していて、イタリア軍事航空博物館で見ることができる。

川西航空機物語　清兵衛、飛行機に目覚める

川西航空機の創業者は、木炭などの燃料の商いで大店になっていた川西清兵衛という人物である。明治中期に銀行業と繊維業に進出、特に１８９６年に興した「日本毛織株式会社（現ニッケ）」はラシャ、モスリンなどの扱いに長け、軍服、軍用毛布製造でトップシェアを握る。当然、商売を通じて軍との太いパイプも作られて、以後も大日本帝国の戦備拡大と歩調を合わせて事業が拡大した。そんな中で、川西清兵衛は１９１８年、すなわち第一次世界大戦が終了する年に航空機事業への参入を志す。商機を掴むのに長けた川西のこと。欧州で華々しく活躍していた航空機の将来性に、実業家魂がうずいたのだろう。

川西航空機物語　清兵衛、裏切られる

ただ、当時とすれば超ハイテクである航空機産業は、素材産業のような手順で簡単に参入できるものではない。そこで川西清兵衛は、中島知久平の事業に目を付けた。

【ラシャ】 毛織物の一種。厚手の生地で丈夫かつ保温性が高く、コートや冬物のズボンの他、戦間期の軍服にも国産のラシャが多く用いられていた。

【モスリン】 毛織物の一種で、木綿や羊毛などを平織りにした薄手のもの。１９１０年代には日本毛織はモスリンの業界最大手となっており、国外への輸出も多く行なわれた。

【飛行機研究所】 文中にあるように海軍機関大尉として航空機に目をつけた中島知久平が、退役後に作ったベンチャー企業。これが出資者を段階的に得ることで中島飛行機となっていった。

海軍機関大尉であった中島は、国産航空機事業を目指し、海軍を退役して「飛行機研究所」を興していた。川西は彼に出資して、群馬県太田に「合資会社日本飛行機製作所」を設立したのである。だが二人の蜜月は長くはなかった。翌年末には経営問題で対立し、川西は出資金を引き上げたが、中島は別の出資者と手を組み、「中島飛行機製作所」を新たに興したのだ。これが後に三菱と双璧を為す日本の代表的航空機メーカーに成長することになる。

川西航空機物語　清兵衛、売り込む

川西に肩入れして表現すると、中島に一杯食わされた形になる清兵衛は、本業の繊維事業に専念しようとした。しかし中島と袂を分かって付いてきた関口英二、戸川不二男の二人の技師の熱意に押され、織機工場の傍らで航空機事業を再開する。川西が手がける飛行機は小規模旅客や郵便機などであった。しかし1927年には自主製作のKー11を海軍次期艦上戦闘機として提出したり、太平洋横断計画に挑もうとして、その存在が海軍にも知られるようになる。その結果、海軍のライセンス機生産に参画するなどして自信を付け、遂に1928年11月、正式な飛行機製作メーカーとして川

【K-11】航空機メーカーとして後発となる川西航空機はなかなか海軍とのパイプを作れずにおり、戦闘機などを自主開発しては競作の場に持ち込んだ。本機もそのひとつで、Kは川西の頭文字。

西航空機株式会社が発足したのである。

川西航空機物語　水上機王国の夜明け

川西は飛行艇や軍用水上機の分野で実績を積んだ。大がかりな滑走路がなくても、最終的に離水できるだけの推進力があれば飛行できる水上機は、開発や実用化のハードルが低いので、川西や愛知といった新規参入メーカーに経験を積ませるにはうってつけであったのだ。そして１９３２年、海軍造兵少佐を退役した橋口義男が入社したことで、川西は飛躍する。橋口は東大工学部船舶工学科を卒業、航空技術に長けたことで知られ、山本五十六の秘蔵っ子であり、海軍航空本部部員として海軍航空技術廠の創設に携わるなど、航空技術はもちろん、海軍の内情を知り尽くした人物である。

橋口の入社は、実は彼個人の判断ではなかった。山本五十六を代表とする海軍の航空推進派は、対米戦を遂行するにあたり、従来の枠を超えた高性能な大型飛行艇が必要という考えを持っていた。これを実現できそうなメーカーの筆頭が川西であったため、山本の意向により橋口が技師長待遇で川西に送り込まれたのであったわけだが、これは結果的に大成功であった。川西は四発飛行艇の九七式飛行艇を無事に開発し、飛行艇メーカーとしての信頼は絶大なものとなった。川西の飛躍はこれに留まらず、

【航空推進派】海戦において、大口径の主砲を搭載する重装甲の戦艦を主軸に艦隊決戦を行なうという思想（いわゆる大艦巨砲主義）が当時、主流であった。一方、航空機を重点的に投入することにより、戦闘を優位に進めることができると考えた航空推進派は、山本五十六を代表に、海軍航空兵力の増強に尽力した。

１９４１年には世界に類を見ない性能を誇る二式飛行艇の開発にも成功する。この技術的な蓄積は、戦後、新明和工業に引き継がれて、ＰＳ-１からＵＳ-２に至る海上自衛隊の装備機として生きている。

川西航空機物語　新明和の名はあちこちに

戦後の川西について。戦後、日本が航空機開発を禁じられると、民需転換を強いられた川西は、オートバイメーカーとしての再起をはかり、敗戦の翌年にはポインターエンジンの試作型を完成。１９４９年に新明和興業と名前を変えた同社は、米軍のトラック修理という泥臭い仕事を手がけていたが、その縁でダンプトラックの開発に成功、このジャンルでは有力メーカーである。ドライブ中、前に止まっているミキサー車のリアバンパーに「新明和」のステッカーが貼ってあったりするのを見たこともあるはずだ。１９５２年４月に航空機製造禁止が解かれると、在日米軍のヘリコプター整備を請け負うところから航空産業基盤を作り直した。１９６０年に新明和工業に改称したが、現在に至るまでの防衛産業としての同社の重要性は説明を要しないだろう。

【民需転換】 1945年8月に日本が降伏すると、それまで日本の軍需産業の基幹をなしてきた三菱、中島、川西といった大企業は、武器・兵器から民需品の生産へと転換を強いられることとなった。戦中に培った技術を活かしつつ、自動車や工業品メーカーとして成功を納めた企業も少なくない。

知ってると得する飛行機トリビア

8

ちょこっと小話

川西を飛行機へと導いた男

ブルドーザーのような勢いと、持ち前の直感で川西財閥の基礎を築いたのは川西清兵衛であるが、航空機メーカーとして飛躍させた立役者は、次男の川西龍三であった。慶応大学理財科（経済系学部のこと）を卒業した龍三は、中島飛行機の前身、合資会社日本飛行機製作所に入社。大正9年には川西機械製作所を立ち上げて、29歳で所長に就任。慶応同期で、同じく中島飛行機に勤務した板東舜一を経営に招いて、川西航空機飛躍の道を拓いた。龍三は技術を理解する一方で、優れた経営者であると同時に熱心な航空ファンであり、国産飛行機の技術確立への意思が強く、この方面には採算度外視で臨んでいた。

戦術空軍と四発重爆の不幸な関係

日本が陸海軍とも、主としてエンジンの能力不足で四発重爆の開発に失敗したのは無理なく理解できる。しかし日本よりずっと進んだ航空産業と関連技術をもっていたドイツも失敗したというのは、ちょっと理解しにくい。ドイツと同程度の技術水準であったイギリスが、ハンドレページ・ハリファックスやアブロ・ランカスター重爆撃機の開発と量産に成功しているだけになおさらだ。これはひとつにはドイツ空軍が戦術的任務、特に陸軍の前線部隊の直接支援を目的に発足したことが大きい。急降下爆撃機Ｊｕ87スツーカのように、陸軍との協力関係では他国にない強みを見せたドイツ空軍だけど、独自の戦略的な目的意識はあまり重視されていなかった。

日本が四発重爆に求めたモノ

日本の事情はというと、そもそも資源も金もないのに陸軍と海軍がまったく別のアプローチで航空機を開発してたってのが最大の原因。「まずは全力で陸軍を叩き、返す刀でアメリカを倒す」なんて放言がまかり通るほど強烈なセクショナリズムにむし

【ハリファックス】 ハンドレページ社による四発爆撃機。第二次世界大戦中、主にイギリス空軍によって運用され、8万回以上もの作戦に投入された。

【ランカスター】 アヴロ社製の爆撃機で、イギリス空軍の四発爆撃機の中では最も多くの機数が生産された。太平洋戦線では、連合軍の日本本土侵攻に伴う事前爆撃に用いられる予定だったが、その前に日本が降伏したため、実現することはなかった。

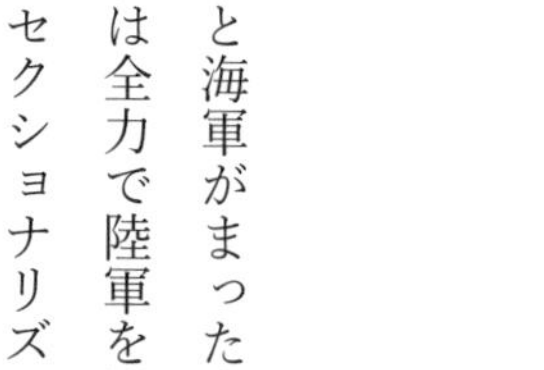

アブロ・ランカスター

ばまれていたのが日本軍の正体なわけ。では、そんな状況のなかで、海軍はいったい重爆撃機になにを求めていたのかと言うと、ずばり「雷撃」だ。軍艦とは比較にならない速度と、最高レベルの航続距離を発揮する大型爆撃機によって、敵艦隊を先に発見、奇襲攻撃して軍艦の数を減らし、艦隊決戦を有利に運ぼうと考えたのだ。

目的と手段が入れ替わってないか？

大型機で敵艦隊を先制攻撃するという日本海軍の構想は、1941年のマレー沖海戦における、一式陸攻と九六陸攻によるイギリス海軍戦艦の攻撃で実現していた。連合軍にも雷撃可能な爆撃機というのはあるけれど、日本ほど徹底はしていない。それどころか連山のような重爆による雷撃は考えられてもいない。そもそも重爆撃機はその爆弾によって都市や工場を破壊する戦略兵器であり、敵艦隊を攻撃するといった戦術的任務とは馴染まないものなのだ。しかし日本海軍はロシアのバルチック艦隊を撃破して戦争を一気に勝利に導いた日本海海戦の成功体験が忘れられず、すべての兵器を艦隊決戦を有利に運ぶための駒と見なす思考パターンに凝り固まっていた。典型的な「目的と手段が……」の罠にはまっていたのだ。

【バルチック艦隊】 ロシア帝国の艦隊の呼称で、バルト海艦隊とも称する。日露戦争において、旅順にあった太平洋艦隊が壊滅したためにその増援として差し向けられた艦隊。

【日本海海戦】 日露戦争中の1905年5月27日に対馬海峡で生起した日本海軍の連合艦隊とロシア帝国のバルチック艦隊との海戦。海戦史上記録的なワンサイドゲームとなり、日本海軍はこの勝利を記念してこの日を海軍記念日とするにいたる。日本海軍が艦隊決戦思想に陥る一端ともなっている戦い。

シンプル・イズ・ベスト

日本が四発重爆撃機の開発と運用に失敗した理由には、経験不足もある。重爆の開発と運用に蓄積がないので、最初から期待値が高くなり過ぎて要求が非現実的となり、失敗を繰り返す悪循環に陥った。さらに、アメリカと本気で敵対するには馴染まない決戦主義に固執したまま連山の開発に着手し、やがては艦艇無き海軍の切り札としての期待を負わせてしまう。その点「敵の産業や人口集中地帯を破壊して継戦能力を奪う」という、もっとも重爆にマッチした運用に集中したイギリスやアメリカの努力が、戦争後半に枢軸軍を追い詰める結果になったのとは、いかにも対照的である。

縦割りの本土防空構想

日本の本土防空というと、まったく手つかずで、1942年4月に空母『ホーネット』から陸軍航空隊のB-25爆撃機を発進させるという奇策で帝都への空襲を許したドーリットル空襲の失態から、泥縄的に防空体制が整備されたように見える。だけど実際は対米戦の20年前、1921年に「陸海軍航空任務分担協定」の名目で研

【ホーネット】 ヨークタウン級航空母艦の3番艦として1941年に就役。南太平洋海戦で日本の艦載機らの集中攻撃を受け大破し、拿捕曳航を断念した駆逐艦『秋雲』『巻雲』により撃沈された。

【ドーリットル空襲】 1942年4月18日、初戦の戦勝ムードに湧く日本本土を襲った青天の霹靂。空母ホーネットから陸軍のB-25を発艦させたことは、海戦史上類を見ない珍事とも言える。面目を潰された日本海軍にミッドウェー作戦を強行させる原因になった空襲とも言える。このちょうど1年後の1943年4月18日に、山本五十六は戦死する。

究を重ね、陸軍が重要都市や工業地帯を中心に国土全般の防空を担い、海軍は軍港、要港、主要港湾などの局地防衛を担う方針が決まっていた。海軍の迎撃戦闘機が局地戦闘機と呼ばれるのも、この取り決めによる防衛担当範囲を反映している。陸軍との縦割り……いや、棲み分けの用語なのだ。

なにかと分業したがる日本陸海軍

このような縦割りの防空分担になったのには理由がある。１９２０年代の日本では、陸軍は中国大陸でロシア軍（のちにソ連軍）と激突すると想定する一方、海軍はアメリカとの洋上決戦に挑める戦力の整備に邁進していた。特に海軍においては防御一辺倒という考えはなく、海戦と同時に大規模な奇襲をかけて敵の軍港や拠点を撃破、占領し、そもそも日本本土に攻撃を仕掛けられる範囲から敵を駆逐するという積極的な防空構想を練っていた。もっとも日本本土の防空任務が明確化されていた陸軍は、まず戦時の防空司令部の設置を決定。ただし範囲は東京と大阪のみとされ、地方は駐屯する各師団に委ねられた。当時は、まさか大都市以外の小〜中規模都市までしらみつぶしに空襲されるとは思ってもなかったのだ。

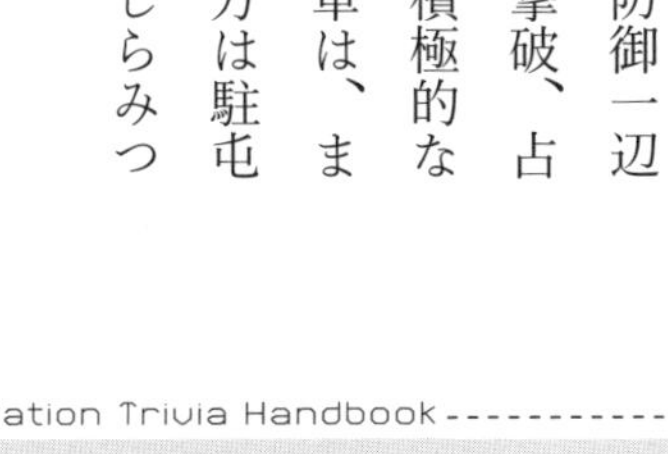

『ホーネット』艦上のB-25

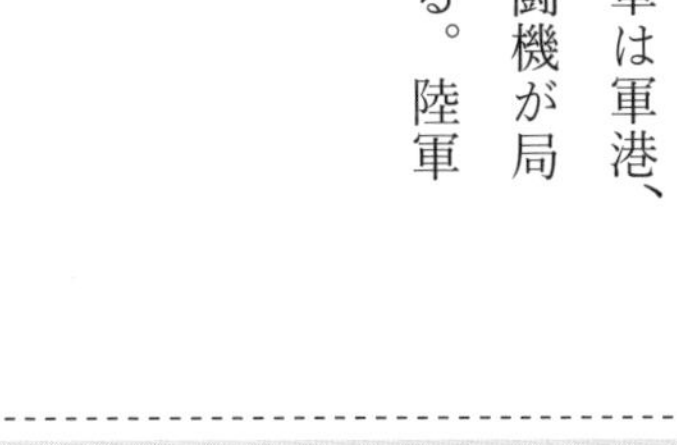

航空母艦『ホーネット』

後継機に恵まれすぎて、影が薄い？

なにかと零戦と比較されては下座に置かれがちな一式戦「隼」。だけど、二式戦「鍾馗」、三式戦「飛燕」、四式戦「疾風」、そして五式戦と、着実に能力や用途を違えた戦闘機を開発して、ラインナップを拡充していた陸軍航空部隊に対して、実質的に零戦とその改修機のみで戦った海軍航空隊とでは、緒戦の活躍だけをもって比較対象とするのはややアンフェアな印象。そうでなくても、艦船を失い、代替手段として空軍化を急いだ海軍とは違って、陸軍航空部隊とその戦闘機には組織としての発展性が感じられる。もし旧軍が生き残って、空軍が独立する日が来たならば、陸軍航空部隊が母体になったはずというのも納得だ。

中島 キ43 一式戦闘機「隼」

九七式戦闘機が制式制定された直後、陸軍は早くもキ43の試作番号を持つ新型戦闘機開発に着手した。これが後の一式戦闘機「隼」である。「運動性に優れた軽戦闘機」であることが隼の特徴であり、長所でもあるが、これはある種の呪いでもあった。

【九七式戦闘機】 中島行機が製作した傑作戦闘機で、１９３９年のノモンハン事件ではソ連機を圧倒した。１９４１年12月の太平洋戦争開戦時には一式戦闘機を装備した飛行戦隊は第64戦隊と第59戦隊しかなく、まさしく九七戦が主力戦闘機であった。なお、一式戦闘機は本機を引き込み式主脚にして近代化を図ったもの程度の定見で設計が開始されたため、主翼に機銃が搭載できないなど、発展性に限りがあった。

というのも時速５００㎞以上、高度５０００ｍまでの上昇時間５分、行動半径８００㎞以上という要求スペックに加えて「九七式戦闘機と同等の運動性能」を持たせるべしという要求は、同じ機体に同居するのは不可能な相反する要素であるからだ。結果として完成したキ43は、全体としては九七式戦より能力が向上したが、九七式戦のような尖った運動性能は失われた。陸軍はこの「平凡な戦闘機」に失望しつつも、替わりの機体もないため取り急ぎ一式戦として制式化した。

しかしこの平凡さが隼を救った。米英を相手の太平洋戦争では航続距離が重要となり、戦闘機の戦いも格闘中心の巴戦から、速力と火力重視の戦いに代わったことで九七式戦は早々に退場を強いられたからだ。結果、隼は

まだら状の迷彩塗装を施された一式戦闘機「隼」の二型。隼のうち最も量産された型で、エンジンがハ115に換装された他、プロペラが2翔から3翔へと改められた。

【巴戦】空中戦法のひとつで、水平面において敵機後方につくべく、機動しながら追尾する航空戦のこと。

零戦に次ぐ５７００機以上も生産されて、陸軍航空隊の主力戦闘機となったのである。

しがみつく落下式燃料タンク

一式戦「隼」が使用していた落下式燃料タンクは取り付け位置はじめ細部が不明とか言われているけど、空力的にちょっと不利な爆弾型になっているのは、九七式戦闘機で使用していた上面が平らで機体に貼り付くようになっていた船型タンクが、投擲操作をしても外れないことが多かった反省による。この爆弾型落下式タンクを左右各1個搭載することで、燃料は４００ℓ増加し、航続距離も３０００㎞まで延びた。隼に翼を授けた真の功労者がこの落下式タンクであった。そして後期生産型からは、他の陸軍戦闘機と仕様を共通にした統一型落下式タンクに切り替えられている。

使い捨てなら節約しよう

この統一型落下式タンクには2種類があって、一つは木製羽布張り、油密塗料をたっぷりと塗り込んだ厚さ3㎜の合板で爆弾型増槽の外形を作り、その外側を布製カバーですっぽり覆って外部塗装を施すというもの。うむむ。もう一つは網代編みにした竹カゴで成型、その内側に柿渋を塗り込んだ和紙を貼り付けて油密幕とし、外装も和紙でくるんで塗装するというもの。ぐぬぬ。片道分の時間、どうせ先に中身を消費して捨てるだけのタンクなのだから、最低限の油漏れが防げればいいという割り切りであった。

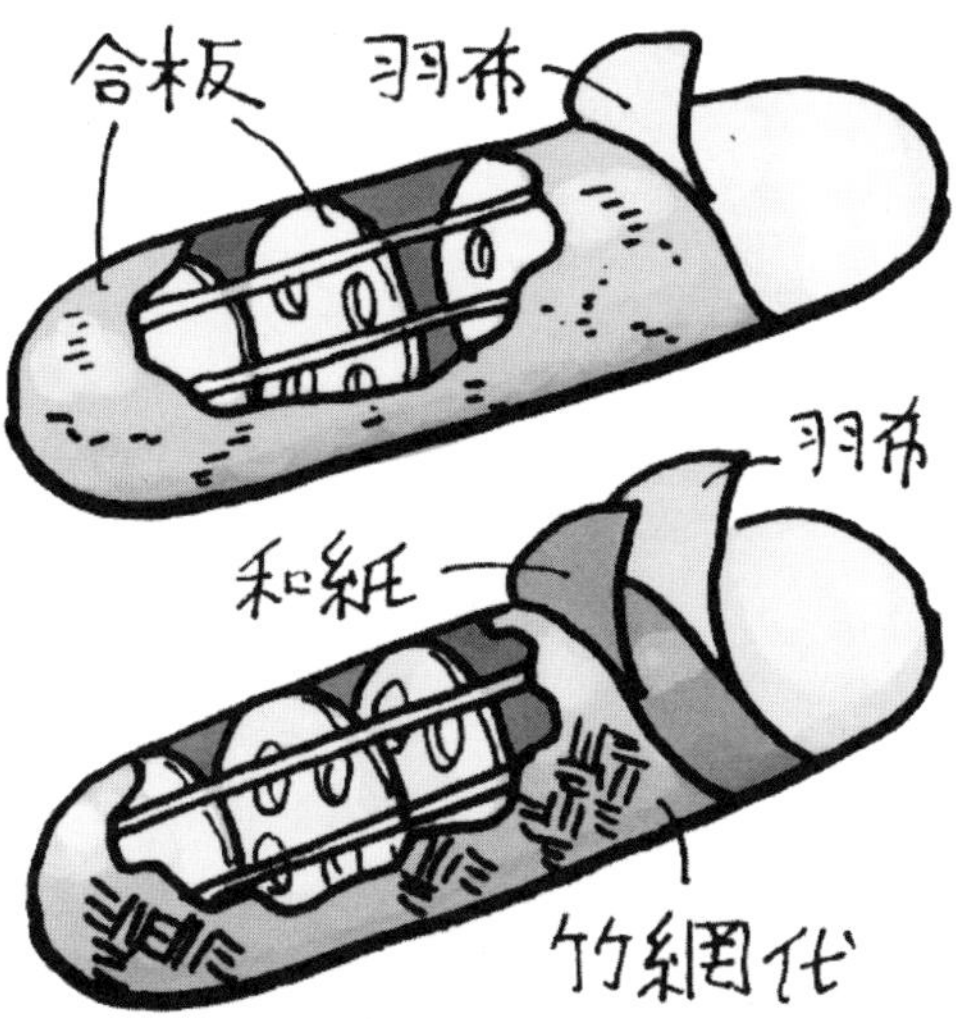

隼を生んだ名プロデューサー

隼の開発関係者として忘れてはならないのが、中島飛行機の小山悌技師。もっとも隼については現場の設計者というよりは、総監督的なポジションで全体を統括していたわけだけど、キ27の開発に際して速度と運動性の両立に苦しんだ技術陣を前に、

【キ27】九七式戦闘機の作名称。

「速度が得意な単葉機に、運動性が優れた複葉機の特徴を持たせる」という、問題の具体化を提示して、これが突破口となり独自のテーパー翼が生まれるきっかけとなった。ともすれば自家中毒に陥りがな技術者に現実的な解決策を促して解法を導く、理想的な技術リーダーであったのだろう。

陸軍機の命名規則

隼について詳しく解説する前に、基本事項ながら陸軍機の命名規則を見ておこう。陸軍機は九三式重爆撃機の試作以降、機種や開発メーカーに関係なく、統一して【キ（機体の頭文字）＋通し番号】を使用した。またエンジンについてはハ（発動機）、航空機関砲はホの文字を使用した。これが制式化されると三式戦闘機のように「制式制定時の皇紀年号下2桁」＋式＋機種名という呼称になる。隼、鍾馗、飛燕といった名称は新聞で公表されたニックネームで、正式名称ではないのに注意。ちなみにエンジン換装など大規模改修があった機体は、一式戦闘機二型のように、機種名のあとに「型」が入る。

【テーパー翼】 付け根から翼端に向かって幅がすぼまるタイプの直線的な翼のこと。黎明期の飛行機では付け根から翼端まで並行な直線を描く翼が多かった。第二次世界大戦機のレシプロ機に多い翼の形状だが、イギリスのスピットファイアやドイツのHe111、日本海軍の九九艦爆は楕円翼と呼ばれる翼の形状だった。九七式戦闘機の場合は主翼前縁が左右一直線で、後縁だけが前方にすぼまるので、前進翼のようにも見える。これは以後、四式戦闘機まで同じで、中島製戦闘機の特徴のひとつとなっている。

【九三式重爆撃機】 キ（試作名称）1番の陸軍双発爆撃機。1933年の運用開始から、イ式重爆撃機や九七式重爆撃機に座を譲る1930年代後半まで使用され、日中戦争において実戦投入もされた。

翼の折れたハヤブサ

一式戦闘機一型として制式制定されたものの、実は部隊に納入されたキ43は過激すぎた軽量化から主翼にトラブルが頻発。１９４２年７月には飛行第24戦隊の３機の一型が急降下で敵を追跡中、引き起こしの際に主翼が根元から折れて墜落した。同様の事故は各部隊で頻発したので、陸軍は大慌てで既存機の主翼の桁の強化や外鈑の増厚などが施したが、空戦から帰還した機体の主翼にはたびたびシワが生じるなど解決とはほど遠かった。前線の機体の数が増えてくると、一型はすべて前線を退き、訓練機などにまわされた。

7・7㎜の豆鉄砲に苦しむ

当初の隼の泣き所は7・7㎜機関銃が2挺のみという固定武装の貧弱さ。軽戦闘機なんだから仕方がないとふんぞり返っても、ノモンハン事件でぶつかったソ連機には火力不足が明白。そこで12・7㎜以上の機関

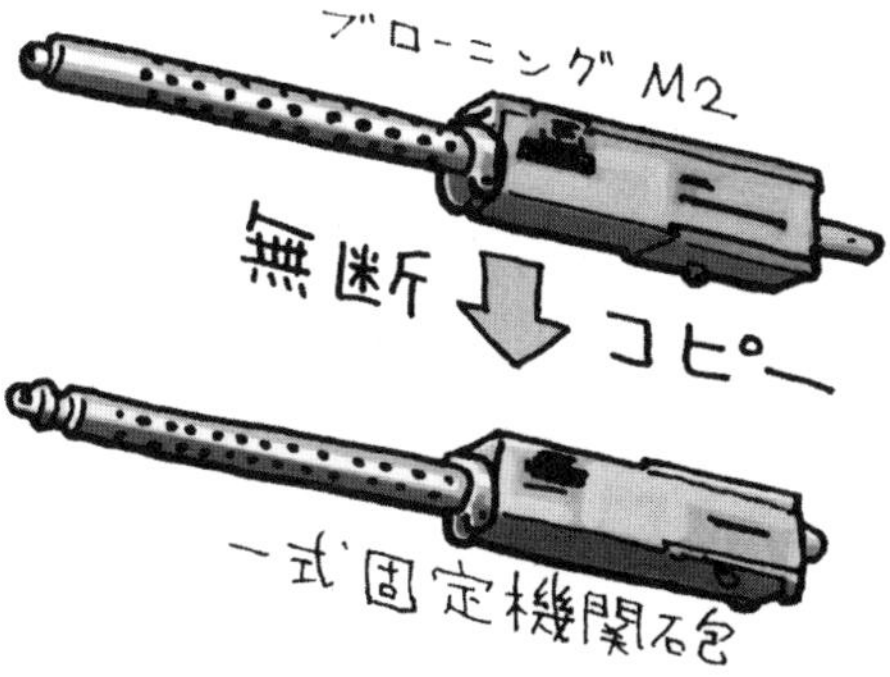

【飛行第24戦隊】１９３８年９月に編成された戦闘隊で、ノモンハン事件を戦った古豪集団。太平洋戦争開戦直後に一式戦闘機一型に改変、１９４２年７月に広東へ進出したばかりであった。

【ノモンハン事件】満州国とモンゴル人民共和国の国境線をめぐって起きた紛争で、両国の後ろ盾であった日本とソ連によって戦闘が展開された。地上ではソ連機甲部隊に大いに苦しんだ日本だが、空中においては日本陸軍機が敵を圧倒する戦果を残している。

銃を……となるわけだけど、肝心の機関銃がないので、鹵獲したアメリカ製のブローニングM2重機関銃を無断コピー、これが1941年に一式固定機関砲として制式制定されて、途中から隼に搭載されるようになった。だけど、こんな高レベルな機関砲を作っちゃうアメリカと戦争してはならんという発想にならないのが残念なところ。

機関銃／機関砲問題

ところで初期の隼の搭載武器は八九式七・七粍固定「機関銃」、途中からは一式一二・七粍固定「機関砲」。どっちも用途は大差ないけど、軍事関連用語についてはなにかと敏感なマニアが多い昨今の世相なので、この「機関銃／機関砲」問題には気を遣う。ところが用語の選択は組織ごとに違う。自衛隊は口径20㎜未満が機関銃、それ以上を機関砲として区

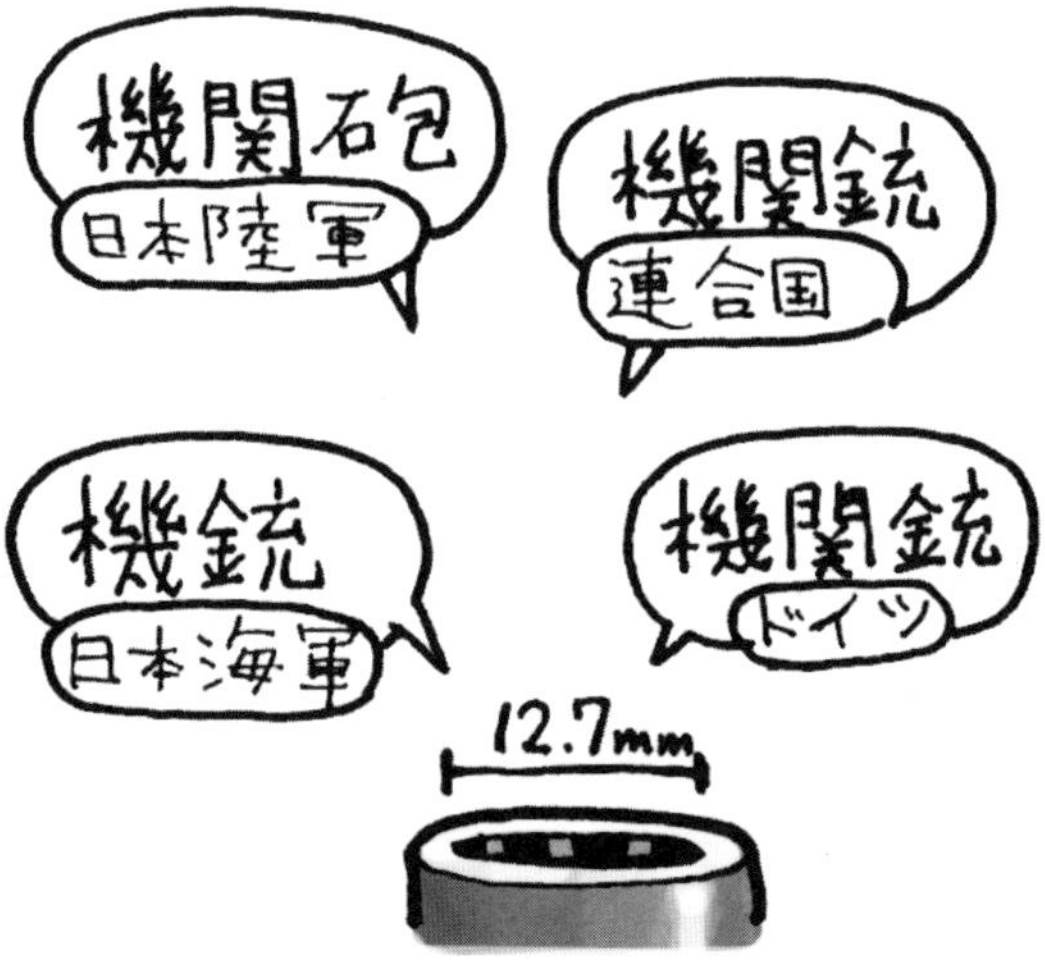

【ブローニングM2重機関銃】第一次世界大戦末期に開発されてから、現在に至るまで世界各地で使用され続けているベストセラー重機関銃。使われる弾丸の口径から「フィフティー・キャル」などとも呼ばれる。

別している。旧陸軍では明治期は全部「機関砲」で、日露戦争後、口径11㎜以下は「機関銃」にしたけど、１９３６年以降は都度都度で使い分けする方針に。陸軍も実はマニアの指摘にうんざりしていたのかも？

防火タンク装備第一号

航続距離延伸のための軽量化＝防弾装備のカットというのは、太平洋戦争開戦前後の日本軍主力作戦機設計の定理みたいなものだけど、隼は燃料タンクに防弾防火装備を施していて、これは日本軍機としては初めての試みであった。九七式戦闘機の審査時点ですでに要求されていた装備であったが、実現したのは隼から。もっとも、自身の兵装である7.7㎜機銃に耐える前提の仕様でしかないので、口径12.7～20㎜弾が標準になっていた連合軍戦闘機に対しては効果が限定された。しかし「人命軽視」とステレオタイプで批判されがちな日本軍機の一つの実態としては重要だ。

では、隼に導入された燃料タンクの防弾防火対策はどのような仕様であったかというと、まずアルミニウム鈑製のタンク外殻を薄いゴム膜で覆い、さらにその外側を絹製のフェルトで包むというものであった。ゴムは3層構造で、厚さは2.4㎜とされている。もっともこれだと防火性能は期待できても防弾とまではいえない。それでも大きな燃料タンクは被弾して当然の場所という前提で防弾防火仕様にしていた陸軍の発想は健全であった。のちのゴム膜の厚さは13㎜まで強化されて、12・7㎜機銃弾になら一定の防火性能を発揮できるようになった。

乗員保護用の防弾板

防火タンクは採用した隼も、パイロットを守る座席付近の防弾鋼板までは備えていなかった。ここは海軍と似たり寄ったりだ。しかし隼二型（キ43-Ⅱ）の途中、1943年の量産型からは操縦室内に防弾鋼板が設けられた。鋼板の厚さは12㎜で、座席の背後に1枚、転覆時保護支柱の前面と後面にそれぞれ1枚の計3枚で、合計重量は48kgであった。比較対象となる零戦の場合、防弾鋼板の導入は1944年末期の五二丙型からなので、陸軍が1年半ほど早かった。この時の零戦五二型丙の装甲鋼鈑は厚さ8㎜で隼に劣ったが、さらに防弾ガラスを装着していた。

【零戦五二型丙】 五二型の主翼20㎜機銃をベルト給弾式にしたのが五二型甲、従来、機首に2挺搭載されていた7.7㎜機銃のうち、右側を13.2㎜機銃に換装したものが五二型乙と分類され、五二型丙は機首左側にあった7.7㎜機銃を廃止し、主翼に13.2㎜機銃2挺を増設したタイプで、防弾装備も格段に考慮されていた。このあとに、胴体後部の構造を強化した六二型が量産されている。

零戦五二型の防弾装備

零戦の最終進化形とも言える五二型丙では、重武装と同時に、可能な限りの防御力強化も図られた。それが防弾鋼鈑と頭当硝子だ。前者は厚さ8㎜の装甲板で、操縦席の座席後部肋材の鍵に、装甲板のフックをかけてネジで固定するというもの。これで乗員の上半身が守られた。さらに後頭部を守るために、円形クッション付きの厚さ55㎜の防弾ガラスがヘッドレスト部分にはめ込まれていた。零戦の構造的な弱点は改善できなかったが、小口径弾のワンショットで搭乗員が失われるリスクを減らすことができた。

新機能が招いたうっかり事故

なにかと初物づくしの一式戦闘機「隼」であるが、その降着装置も日本陸軍戦闘機初の引き込み脚を採用していた。ただし設計方法が分からず、開発前にたまたま購入に成功したアメリカ、ヴォート社のV-143試作戦闘機を見て、この油圧式の引き込み脚をそのまま真似たのであった。主翼の3本の主桁が邪魔をして車輪収納部が主翼の前縁からはみ出してしまうため、主翼付け根の一部を丸く張り出してスペースを確保しなければならなかったのはコピーの限界か。この引き込み脚であるが、九七式戦闘機の固定脚に馴れていた操縦者は、脚出し作業を忘れたまま胴体着陸して事故を起こす者が多かったという。

航空要塞、その名はネグロス

一型に始まり、二型、そして三型と性能を向上させつつ太平洋戦争を戦い抜いた一式戦「隼」も、戦争後半には連合軍の新型機相手には力不足となり、陸軍航空部隊でも四式戦「疾風」に譲る場面が増えた。しかしフィリピン攻防戦は違う。海軍による

【V-143】アメリカチャンス・ヴォート社の試作戦闘機V-141の改良型。見た目の類似性から零戦はV-143のコピーなどと評されることもあるが、主脚の引き込み機構といった一部が参考にされただけで、両機は全くの別物。

V-141（V-143原型機）

敵船団の撃滅が失敗した後、陸軍はフィリピン中部のネグロス島に「隼」装備の戦闘機部隊を集中配備し、同島の各所に設けた飛行場同士を連携させた防空戦闘により、「ネグロス航空要塞」とも呼ぶべき防空体制を構築して対抗したのである。ネグロス島には四式戦も多く配備され、疾風と隼は協力しながら連合軍機に痛打を与えていたのだ。

ネグロス上空の空中戦

ネグロス要塞のハイライトは1945年1月7日。この頃すでにフィリピン攻防戦の趨勢は決して、大本営は本土決戦に備えての時間稼ぎの場としかフィリピンを見なしていなかった。この日、ネグロス島上空を飛行中の飛行第54戦隊の杉本明准尉は、低空飛行中のP-38戦闘爆撃機4機を発見、さらに下方から急上昇してこれを襲撃する決断をした。ところが相手が悪かった。P-38編隊を率いるのは38機撃墜の大エース、トーマス・マクガイア少佐であったのだ。しかし少佐は相手は非力な「オスカー」と侮ったか、僚機に増槽を捨てずに戦うよう指示して迎え撃った。

【飛行第54戦隊】 1941年7月に飛行第5戦隊からの転入者を基幹として編成された戦闘隊。太平洋戦争緒戦期には中国大陸で戦い、1943年夏には北海道、北千島方面へ転戦。一部を残留させたまま、1944年11月に一式戦三型をもって比島決戦へ馳せ参じた。1945年2月にフィリピンから脱出、3月になって内地へ帰還した戦隊は戦力再建に入ったが、終戦直前には対日宣戦布告をしたソ連に対峙した。

【トーマス・マクガイア】 アメリカ陸軍航空隊のエースパイロット。38機撃墜はリチャード・ボング陸軍少佐につぐ、アメリカ歴代2位の撃墜記録である。

【オスカー】 アメリカ軍が一式戦闘機「隼」につけたニックネーム。

知り得なかった最後の大戦果

しかし、開戦当初「日本の戦闘機を相手に低空低速での格闘戦だけは絶対に避けるべし」と言うのが鉄則であったはず。これを忘れたか、隼に巴戦を許したマクガイア少佐機は間もなく射線に捕まり、超低空飛行状態から墜落した。少佐の仇を討つべく、3機のP-38は杉本機を追いまくったが、救援の福田瑞則軍曹が操縦する四式戦「疾風」が割って入り、さらにP-38を1機撃墜。ただ、杉本機も被弾していて不時着を余儀なくされ、現地ゲリラ勢力との銃撃戦の中で戦死した。殊勲の敵エースパイロット撃墜であったが、杉本准尉がその事実を知ることはなかったのである。

男の価値は尻で決まる

傑作機、九七式戦闘機を上書きするほどの大傑作機となった一式戦闘機「隼」。その秘訣の一つが尾翼の形状だ。主翼まわりは九七式戦をほぼそのまま大型化したとされる隼だけど、尾翼周辺はかなり形状が異なっている。九七式戦の水平尾翼は楕円形だったのに対して、隼は直線主体のテーパー翼となり、昇降舵の面積も大きくなって

【昇降舵】 航空機の機首上げ・下げを行なう動翼で、通常は水平尾翼に配置される。エレベーターとも言われる。

いながら、付け根の後部付近は方向舵のクリアランスを確保するために丸く切り取られている。また後方に大きく突き出た尾翼は、中立にすることで瞬時に機体を直進に戻し、射撃時の飛行安定性をがっちり固める効果を発揮した。

隼を使った外国軍隊：タイ王国編

満州国は置いておくとして、第二次世界大戦において日本の同盟国はアジアではタイ王国だけであった。そのタイ王国軍は日本兵器を輸入して使っていたが、その中に隼もあった。最初に引き渡されたのは1944年春から夏にかけて、1個中隊分、おそらく12機程度がタイ軍に渡ったらしい。1機でも前線にまわしたい状況下、タイ軍にこれだけ譲ったのは、敗戦ムードからの同盟離脱を回避するためだろう。日本軍の

【タイ王国】19世紀になりヨーロッパの植民地として蹂躙された東南アジア諸国の中にあって、唯一独立国家として存在していたシャム王国が1939年に改称したもの。フランス本国がドイツに降伏した際には、隣国となるフランス領インドシナと紛争を起こし、その仲裁に日本が入っている。

タイ王国空軍の隼

指導のもとで、この隼部隊は中国南部で戦った。そして日本の敗戦後は、日の丸をタイ空軍の標識に塗り替えて１９４９年前後まで使用されていたと伝えられる。

隼を使った外国軍隊：中国編

終戦時、中国戦線では奉天周辺に展開していた第４錬成飛行隊が、司令官、林弥一郎少佐の決断で共産派の中国民主連軍に降伏した。少佐は連軍に帯同して航空学校の創設に協力し、部下たちと共に旧日本軍機の修理と整備に携わった。その中には６機の隼も含まれていたという。いずれも訓練機として使われ、幾度か作戦投入も検討されたが、これは実現しなかった。米軍機に乗り慣れていた中国人パイロットが、日本軍機による作戦を拒否したためだ。しかし林少佐は部隊創設への協力の功績から、１９４９年の人民共和国建国式典で隼を使った曲芸飛行を許されたのであった。

隼を使った外国軍隊：インドネシア編

日本の敗戦後、直ちにオランダとの独立戦争を開始したインドネシアでも日本軍機

【第４錬成飛行隊】 陸軍航空部隊において、飛行学校を終えた人員を実戦部隊に供給する前に再教育するのが錬成飛行隊。第４錬成飛行隊は１９４４年5月に編成され、戦闘機操縦教育を担当した。

【林弥一郎】 航空二等兵として入営、第51期操縦学生を経て空中勤務者となり、第18期少尉候補者として陸軍士官学校を卒業した古豪。太平洋戦争開戦時には飛行第54戦隊第3中隊長の職にあったが、しばらくして教育飛行隊の勤務となり、第４錬成飛行隊長となった。

が使われている。特にスマトラ、ジャワ島で日本軍機１００機以上が鹵獲されたが、その中に6機程度の隼があった。しかしインドネシア兵はタイや中国と違い、空軍や航空隊での戦闘経験がなく、機材はあってもパイロット育成が間に合わなかった。独立戦争中は操縦要員をインドまで送って訓練させたと言われるが、単独または小数機の散発的な出撃に留まり、独立戦争における功績は微々たるものであった。ちなみに独立軍の標識がないため、当初は機体の日の丸の下半分を白く塗って識別記号にしていたとのこと。

隼を輸出するならば

第二次世界大戦の前半に限定した場合、日本および日本と交戦した国以外で隼を欲しがりそうな国の筆頭は、おそらくフィンランドではないだろうか。寒冷地なので空冷エンジンの本領が発揮しやすく、低空域での戦闘が得意な隼は、寒冷地の重い空気と馴染みが良いハズ。また軽快な運動性は一騎当千のパイロットの好みにもきっと合うはずだ。武装の貧弱さがネックではあるが、彼等にとって重要なのは稼働率だ。ただ、氷上滑走路での運用なんかを考えると、足回りが華奢な隼よりは固定脚で頑丈な九七式戦闘機のほうが、いっそうマッチしているかも。

隼、発艦準備良し！

仮想敵国よりも目の前の海軍を憎んでいた日本陸軍（そして逆もまた真なり）は、船団護衛に本腰をいれない海軍に見切りをつけて、元から自前で所有していた舟艇母船を空母化した。それが『あきつ丸』だ。この船は短距離離着陸性に優れた三式連絡機を搭載して、敵潜水艦が出たら１００kg爆弾で攻撃するという狙い。しかし戦争中盤以降、船団にとっては航空機、特にB-25のような爆撃機も脅威になっていた。そこで、もし『あきつ丸』のような船に隼が1～2機搭載できていれば、敵爆撃機をかなり抑えられたはず。なんのことはない。イギリス海軍のＭＡＣシップのパクリなんだけどさ。

最速の魂に宿るもの

猛禽類の中でも日本人は隼が好きって言うのは、なんとなく皮膚感覚で理解できる

【あきつ丸】 日本陸軍が上陸支援用に建造した舟艇母船で、商船形の船体に飛行甲板となる1枚板を搭載していたのが特徴。船体内は上陸用の大発の格納庫になっており、船尾にはその発進口が設けられていた。緒戦時には飛行甲板に高射砲や機関銃などを搭載していたが、戦争中盤に対潜水艦用の本格的な航空母船に改造され、三式連絡機を運用。

【MACシップ】 第二次世界大戦の初期にイギリスが建造した、一般商船の船体に飛行甲板を設けただけの船で、Merchant aircraft carrierの略。のちにアメリカから護衛空母が貸与されるまでの間、船団護衛などに活用された。この前にカタパルトを搭載しただけのCAMシップというのがあった。

けど、スズキのモンスターバイク、ＧＳＸ１３００Ｒの愛称も「ハヤブサ」。スペックを考えたらハヤブサどころではないでしょ！　と思うのだけど、最高速度っていうくくり（猛禽は急降下で時速３９０km、バイクは直線時速３１２km）では世界の頂点に君臨する。対して飛行機の隼はバイクより早いのは当たり前として、戦闘機としての速度性能は中の中といった性能だ。

永遠のイトカワ

隼の設計者と言えば中島飛行機の糸川英夫。東京帝大を１９３５年に卒業、中島に入社後、真っ先にキ27（九七式戦闘機）を手がけ、立て続けに一式戦「隼」、二式戦「鍾馗」の開発を手がけたのち、東大に助教授として戻った天才設計者だ。彼自身は戦闘機設計には辟易としていたらしく、戦後はロケット研究に没頭。その宇宙航空分野における貢献から、糸川博士の名は宇宙探査機「はやぶさ」と、小惑星イトカワの名で永遠となった。後継機の「はやぶさ2」は、ドラマチックなトラブルもなく淡々とミッションをこなし、２０２０年の12月に回収カプセルが無事、地球に帰還。糸川博士もさぞや喜んでいるはず。

加藤隼戦闘隊、その歌

この歌がなかったら、一式戦「隼」は今ほども知られることはなかったこと間違いなし。軍歌「加藤隼戦闘隊」はそれほどの名曲であるが、歌が生まれたいきさつは結構複雑だ。１９３９年のノモンハン事件の後、満洲に駐屯していた丸田文雄中尉指揮下の飛行中隊は広東に急派された。しかし参加予定の作戦は間もなく終了してしまい、長く退屈な待機の日々、緩みがちな部隊の士気を高めるために、丸田隊長は隊員に部隊歌を懸賞募集した。これに選ばれたのが田中林平准尉の歌詞で、森屋五郎少佐の南支派遣陸軍軍楽隊に委託して楽曲を付けてもらったものが原曲となった。

その後、しばらくは知る人ぞ知る部隊歌に過ぎなかったが、完成から10カ月後の

【はやぶさ】 宇宙科学研究所が打ち上げた小惑星探査機。２００３年の打ち上げから7年を経て地球に帰還（サンプルカプセルのみ）し、地球の重力圏外にある天体に着陸してサンプルを持ち帰った初めての探査機となった。

【はやぶさ2】 はやぶさの後継機として２０１４年に打ち上げられた小惑星探査機。２０１４年に小惑星「リュウグウ」に無事着陸し、２０２０年に地球に帰還。任務を無事成功させた。

１９４０年暮れに封切られた日本ニュースでこの歌が「丸田部隊暁の出撃」のタイトルで紹介された。さらに太平洋戦争が始まると部隊名として加藤隼戦闘隊が知られるようになった事から、歌のほうも「加藤隼戦闘隊の歌」に変わった。つまり、一式戦が実用化される前、また、その愛称として定められる前から部隊歌に隼の名が使われていたわけだ。これは隼が空飛ぶ早いものとして古来日本でなじみのある言葉だったからだろう。

資料映像が豊富な映画『翼の凱旋』

一式戦闘機「隼」の名を日本国中に轟かせたのは戦時中に封切られた映画『加藤隼戦闘隊』である。見たか見ないかは別として、多くの読者がその名を知っているに違いない。だが、航空機マニア目線で重要な映画となると、１９４２年の東宝作品『翼の凱歌』となるだろう。失礼を承知で言えば、物語性は皆無だけど隼の細部を映し出すシーンが多いのが嬉しい。無塗装機の飛行シーンを角度を違えて何度も映し出す連続映像や、格納庫に並ぶ予備機関銃の列などは動画ならではの演出。飛行中の操縦室内部の映像も豊富で、新鋭機を惜しまず映像化できた、勢いのある時期の日本軍の余

【加藤隼戦闘隊】 加藤建夫中佐を戦隊長として太平洋戦争の開戦を迎えた飛行第64戦隊のこと。黒江保彦や檜與平など多くのエースを生んだが、これは総体的な結果で、加藤戦隊長は「個人の手柄を認めない(戦功争いになるから)」、「1機の撃墜があっても、味方の爆撃機を守れなくては仕方がない」との方針だった。

裕を垣間見させてくれる貴重な映画だ。

『翼の凱歌』には、隼以外の軍用機も登場する。航空機乗員養成所や飛行学校に配備されているグライダーや各種練習機、九九式高等練習機、九七式戦が曳航する吹き流しで射撃訓練をする九七式軽爆撃機など、映像があるだけで嬉しい機体が目白押し。最新機材が揃う明野飛行学校がロケ地になったおかげで、一式双発高等練習機もチラ見せだけれど確認できる。敵機としてはソ連のI-15戦闘機や、鹵獲したばかりのB-17D重爆撃機も使用されているのだからなにかと豪華だ。もう7~8年経つが、HDリマスター版が発売されているので、入手もそれほど難しくないハズ。

君は隼の漫画を知っているか?

「巨人、大鵬、卵焼き」とは戦後昭和の子どもの定番人気や大好物を並べた有名な言葉。これが軍事の話となると「零戦、大和、タイガー戦車」となり、かなしいことに日本陸軍機は出てこない。タイガー戦車を無視して外しても、多分入ってくるのは海軍機だろう。したがって陸軍の功労機である隼も、戦後はかなり影が薄くて、漫画などでも主役は海軍機ばかり。その中で数少ない隼を主題にした漫画作品が「週刊少

【九九式高等練習機】１９３９年に運用が開始された日本陸軍の高等練習機で、１０００機以上が生産され、陸軍航空隊のパイロット育成に貢献した。

【九七式軽爆撃機】三菱による単発軽爆撃機で、日中戦争中期から、旧式機として陳腐化した第二次世界大戦末期にいたるまで使用された。

【一式双発高等練習機】操縦訓練用の小型の双発機で、輸送機型や機上作業練習型が製作された。２０１２年に十和田湖に沈んでいた機体が引き上げられ、長らく青森県立三沢航空科学館に展示されていたが、今後は立川に移動して展示される予定。

年サンデー」で連載していた『大空のちかい』だ。主人公は隼のパイロットで、第一部は加藤隼戦闘隊での主人公の成長と活躍、第二部ではラバウルに舞台を移しての苦戦を描いている。

　第三部が予定されていたような伏線もあるけど、結局は連載はされず終わってしまった。それでも零戦を登場させて、敢えて双方の戦い方の違いを描き、武装が貧弱な隼ならではの戦いを演出するなど、全編で隼に対する愛が溢れている作品だ。10年ほど前に3巻組で復刊されているので、探せばこちらも入手はそれほど難しくないだろう。

【鹵獲B-17D】 太平洋戦争の開戦と同時に猛烈なスピードで南方各地を占領した日本はフィリピンや蘭印で大量の連合国軍機を鹵獲した。そのいくつかは本土に運ばれ、試験飛行や仮想敵として使用された。B-17Dもそのひとつで、B-17Eもあった。

知ってると得する飛行機トリビア

9

ちょこっと小話

鉛筆削りをさがせ!

「宇宙でも使用可能なボールペン開発にアメリカが数十万ドルを投入する一方、ソ連は鉛筆を使っていた」なんてのは、宇宙開発時代の冷戦ジョーク。だけど海上自衛隊のP-3C哨戒機では機内に鉛筆削りが置いてあるのだそうな。それも「標準装備」として。これが市販品なのか、それとも任務に配慮した特殊な仕様なのか、詳しいことは分からない。それにしても、機体こそアナログ構造を多々残しているとは言え、搭載機器は電子の要塞もかくやというP-3C。哨戒任務で鉛筆がどんな目的で使われるのか興味深いところだけど、真相は不明だ。ぜひ見学の機会などあったら、聞いて欲しいところ。

来たる帝都空襲の準備はいかに

戦争に際して、日本陸軍は相応に本土空襲に備えて準備していたようにも見えるけど、帝都の防空という視点で突っ込んでみたい。そもそもの話として陸軍はどの程度、帝都空襲の可能性や内容を把握していたのか。前例はドイツにあった。1942年からイギリス空軍はドイツ本土空襲を本格化し、同年末にはアメリカ陸軍航空隊も戦略爆撃に加わるようになっていた。イギリスは夜間都市爆撃、アメリカは生産拠点への昼間爆撃を担当。当初の昼間爆撃では人口密集地への誤爆を避けるため、B-17による高々度精密爆撃が実施された。作戦を端的に理解するには1990年公開の映画『メンフィス・ベル』がオススメ。

正確だった被害予測

ドイツ空襲の内容（規模や爆弾投下量、彼我の撃墜数、空襲の被害など）は日本にも詳細に伝えられていて、これが帝都防空担当者の予測の基礎となっていた。首都防空を担当する陸軍の東部軍では、1943年夏、ドイツをモデルとした空襲が日本に

【高々度精密爆撃】 戦闘機との交戦を避けられる高い高度からの工場や軍事施設など、限定目標に対する水平爆撃。対義語は低高度絨毯爆撃。

【メンフィス・ベル】 第二次世界大戦中、アメリカによって使用されていたB-17の1機（機体番号41-24485）。当時、25回の出撃を達成した機体のクルーは帰国できることになっていた。「メンフィス・ベル」はそれを早々に達成し、本国で戦意高揚のための広報活動などに使用された他、同機の活躍を主題に映画が2本製作されている。

行われる想定で、B-17およびB-25が東京上空に１００機襲来、１７５ｔの爆弾を投下した場合をシミュレート。火災発生箇所は６００カ所以上で、都市防災は瞬時に破綻し、数百箇所が放任火災、その損害規模は関東大震災を超える見通しに。対抗するには１００万規模の疎開を実施、その家屋を潰し、広大な防火帯を設けるしかないと結論された。

１９４３年を通じて、帝都空襲による被害予測の研究はかなり進む。１９４４年に米軍による日本本土空襲が始まるのは確実で、爆弾搭載量4t、航続距離８０００kmと推測されるB-29重爆撃機が投入されることも正確に予想できていた。爆撃は１００機単位で、昼間爆撃から始まり、後に夜間爆撃に移行。飛翔高度までほぼ正確に当てているのは、兵器があくまで科学や物理の枠内に留まる存在だからだろう。投下される爆弾は焼夷弾が主体になるとの予想も正確。このような規模で実施される空襲による被害は、家屋損壊15万戸、死傷者5万とされる。１２０万戸とされた帝都家屋の１割以上が一夜で消えるのだ。

【関東大震災】 １９２３年9月1日に発生した大規模地震災害。死者・行方不明者は10万人を超え、空母へと改造中の巡洋戦艦『天城』が竜骨を損傷して修理不可能になるなど、軍的損害も大きかった。

【焼夷弾】 色々なタイプがあるが、目標物を燃焼させることを目的としたもの。アメリカが日本の空襲に使用した代表的なものがM69焼夷弾。

甘すぎた見積もり

開戦前は一度の帝都空襲による死傷者の数は80人程度という予測であったが、その後の研究は恐るべき結論に至った。この空襲に対して軍の防空力が機能した場合、昼間爆撃に対しては撃墜最大20パーセント、夜間爆撃で10パーセントと見積もられたが、こちらは希望的に過ぎる。もし撃墜10パーセントが続けられれば、爆撃機１００機の編隊は、５回目の出撃で59機にまで減少。作戦は続行できなくなる。米軍はこの数字にシビアで、ドイツ空襲の場合は、一度の出撃で４パーセントを超える損害を「許容できないもの」と見なして対策を考えていた。日本側の見積もりはかなり楽観的であった。

実際、撃墜率10パーセントというのはまったく非現実的な数字だ。ドイツ本土防空戦において、まれに見る防空側の勝利となった１９４３年10月のシュヴァインフルト空襲では、なんと米軍機３７６機のうち17パーセントにあたる60機が撃墜された。また帰還できた機体も損傷が多く、約１００機が期間後、廃棄処分されている。だが、この防空戦闘には迎撃戦闘機４００機が繰り返し投入され、ドイツ側も47機の戦闘機を失っている。机上計算と「政治」を意識した産物であるとしても、B-17

【シュヴァインフルト空襲】
ドイツのシュヴァインフルトに位置する工場群を目標とした、アメリカ空軍によって2度行なわれた空襲。損害が多かったのは2度目の空襲だが、１９４３年8月に行なわれた最初の作戦においても、60機のB-17が撃墜されるなどの大損害を被っている。

より難敵のB-29を相手に、防空戦闘力、組織力ではドイツの足下にも及ばない日本が迎え撃つのに期待して良い数字ではない。

半ば諦めかけの空襲対策

空襲の阻止は実質不可能という前提に立ったとき、もっとも有効な手段とされたのは……疎開の実施と防火帯の構築であった。２００万人を超える都民を地方に疎開させ、家屋40万戸を撤去して防火帯や広い道路に変える。これなら空襲の火災を局限し、住民の犠牲も抑えられると考えられた。ところが、疎開は実施されたものの、道路拡張や防火帯の設置は十分ではなかった。実際に空襲に直面するまでは、そこまで過激な決断は難しかったのだ。もし実施されていれば、首都直下型地震の脅威に直面している現在の東京の問題はかなり解決されたかも知れないが、前例がないことに備えるのは難しい。

【防火帯】 空襲の際に起こり得る人為的火災や、山火事など自然火災による延焼を防ぐために設けられる、可燃物のない帯状の地域のこと。

飛燕の型番整理

１９４３年にキ61から制式制定された三式戦闘機「飛燕」の型式は、まず大きく分けて一型と二型のふたつである。一型には甲、乙、丙、丁の４つの型式があるが、これは武装の違いによるもので、エンジンはいずれも１０００馬力級の「ハ40」。甲、乙、丙の胴体武装はいずれも12.７㎜のホ１０３で、甲は主翼に７.７㎜八九式機関銃を、乙は12.７㎜ホ１０３を、丙はドイツ製の20㎜ＭＧ１５１機関砲というものであった。丁のみ胴体武装は20㎜ホ５となり、主翼の武装は乙型と同じホ１０３であった。二型の武装は一型丁と同じである。

誰がための縦割り行政か？

三式戦飛燕が当初搭載していた液冷「ハ40」エンジンは、ドイツ、ダイムラー・ベンツのＤＢ６０１を川崎航空機でライセンス生産したもの。この海軍版が愛知航空機のアツタであるが、陸海軍がそれぞれ別個に50万円というライセンス料を支払ったため、結果としてＤＢ社は１００万円相当の契約金を得ることになった。日本の陸海軍

【ＭＧ１５１】第二次世界大戦中にドイツのマウザー社が開発・生産した航空機関砲。口径15㎜のＭＧ１５１／15と、口径20㎜のＭＧ１５１／20の２種類がある。

【ＤＢ６０１】第二次世界大戦におけるドイツ空軍機に多数採用された、ダイムラー・ベンツ社の液冷Ｖ型12気筒エンジン。Ｂｆ１０９やＢＦ１１０、また、日本海軍の彗星やイタリアのマッキ・２０２など、ドイツ以外の枢軸国機においても使用された。

DB601

は互いに戦争でもしているのかと、ヒトラーもあきれたという話もあるが、実態は違う。最初に愛知がベンツと契約したが、生産能力上、陸軍の分まで作れないので、陸軍は川崎を介してライセンス取得させたというだけ。異なる企業ごとにライセンス料を払うのは当たり前のことだが、「陸海軍の意地の張り合い」なんて噂が出るほど双方の仲が悪かったのは事実なので、単なる笑い話とは片付けられない。

形をコピーすれば済む話？

ＤＢ６０１はＶＤＭ式の電気式可変ピッチプロペラを想定していたが、日本陸軍機は住友金属がライセンスしたハミルトン製の油圧式可変ピッチプロペラが主流なので、

チューニングを変更する必要がある。またＤＢ６０１のような同軸機関砲の運用を想定していなかったので、プロペラの中心軸のクリアランスも考慮されていない。このように、単に優秀な外国製エンジンをコピーするだけでは済まないのが航空機開発なのだけど、どうも日本陸軍はこの辺の問題はメーカーの努力で解決すべきものとしか認識できなかったみたい。

和製メッサーってのは的外れ

心臓であるエンジンがＢｆ１０９ＥのＤＢ６０１エンジンのライセンス版である「ハ40」ということもあり、飛燕の外見は、一見するとＢｆ１０９を連装させる。「和製メッサー」なんてあだ名はそこから来るわけだけど、機体設計は川崎の設計陣独自のものであり、左右一体型の主翼構造や、胴体との接合法などはまったく別物。一部機体で使われたＭＧ１５１／２０機関砲くらいしか共通点がないというのが真相である。とりわけ明確な違いが主脚の配置方法。降着装置は主翼に接合されて、胴体側に折りたたむようになっているため、主脚のスパンは４ｍ以上あり、不整地での運用にもよく耐えた。だから安易な両者の比較は、あまり意味はなさそうだ。

【同軸機関砲】 プロペラ軸内を弾道とするマシンガンのことで、ドイツではモーターカノンと称した。Ｂｆ１０９やＦｗ１９０Ｄなどの液冷エンジン機に多用された機銃搭載形式で、大口径機銃の搭載にも適し、かつ操縦者に最も近い位置にあるため、命中精度が高いと評価されていた。

急がば……作れ!?

生産性はともかく、飛燕の高性能を評価して１９４2年春から計画が始動したキ61-IIは、エンジンをハ40の改良型で、１４００馬力の出力が可能な「ハ１４０」とすることで設計された。主翼を再設計し、出力上昇分をホ５の搭載数増に充てた攻撃力強化版の飛燕を狙ったのである。しかし「ハ40」さえ満足に量産できていない段階で、「ハ１４０」の開発がうまくいくはずもなく、わずか8機で試作は取り止め。主翼を一型と同じにしたキ61-II改が三式戦二型として結実した。うまくいかなかった機体というフィルターはあるとしても、この飛燕二型は正直、エンジンの換装でただでさえ長かったノーズはさらに延伸されていたりと、不格好な印象なんだけど、ちょっと酷な評価かしら。

飛燕の危険な牙「ホ５」

火力不足というＢｆ１０９シリーズの泣き所を補い、評価を一変させたのがドイツのマウザー社製、20㎜口径のＭＧ１５１／20機関砲であった。三式戦闘機「飛燕」も

【ハ１４０】川崎航空機が三式戦一型に搭載していた「ハ40」の改良型として開発したエンジン。いわゆる歩留まりが悪く（ロールアウトしたもののなかからちゃんと動くものができないの意）、三式戦二型の首なし機が大量発生した。

丁型以降の機体が、同じ20㎜口径の二式機関砲（ホ5）を機首上前に搭載しているけれど、こちらは12・7㎜口径のホ103から発展させた国産機関砲である。初速にも優れた高威力の武装であったが、航空機用としては大口径となる20㎜機関砲の場合、徹甲弾よりは榴弾のほうが、特に爆撃機を相手にするときに頼りになる。しかしホ5の榴弾は信管が敏感すぎて、砲口を出た瞬間に爆発するという、かなり致命的な欠点があった。

　ホ5の榴弾の暴発事故では、カウルが破損するのはもちろんだが、最悪、カウルを貫通した破片がエンジンにまで被害を及ぼす可能性もあった。そこで川崎ではホ5の搭載機については、砲口付近から暴発による被害が予想されるカウルの内部にかけて分厚い鋼板を張って対処した。これは尾部にカウンターウェイトを追加するほどの重量増加であった。ドイツが成功させていた薄殻榴弾をコピーしたり、信管を改善するなり、こんな不細工な方法以外に打つ手はあったはずだが、そのような技術も余裕もないのが実態。戦闘機としてはかなり無様な機体改造を強いられたのが、大口径砲ホ5搭載の代償だったのである。

【徹甲弾】 燃料タンクや装甲部を撃ち抜くために弾頭を強化した弾丸。機関銃弾の場合、通常は曳光弾、焼夷弾、榴弾などと組み合わせて使用される。

【榴弾】 着弾とともに破裂する弾だが、機関銃弾の場合は敵機の機体をズタズタに、燃料タンクを破壊し、人員を殺傷させる恐ろしい弾丸となる。この榴弾があるかないかで、機関銃／機関砲そのものの評価も大きく変わってくる。

陸軍航空機銃の見本市!?

日本陸軍が重視していた格闘戦至上主義から、高速一撃離脱への戦術変更の歴史が飛燕の武装の変遷に刻まれている。飛燕がその歴史を通じて搭載した機関銃および機関砲は６種類あり、ホ３（試製二十粍固定機関砲）を除く、当時の航空機用固定機関銃と機関砲をすべて搭載していた。ただし一型丙が搭載した20㎜ＭＧ１５１機関砲だけは、弾薬の国産化が技術的に不可能であったため、弾薬と機関砲がすべてセットでドイツから輸入されたものであり、最初から装備数が限られていた。

幻の30㎜機関砲「ホ１５５」

Ｂ-29爆撃機による本土爆撃の脅威に直面した陸軍防空部隊では、迎撃戦闘機の武装強化が焦眉の課題となった。その切り札が大口径30㎜機関砲だ。ホ１５５と呼称されたこの機関砲は、飛燕二型の翼内武装として１９４３年から開発が始まったが、一型と二型の２種類が存在した以外の詳細が不明である。ただ、現実問題として20㎜機関砲さえもてあましていた陸軍では、試作するのが精一杯で実用化にはほど遠かった。

この点、開戦前には海軍は20㎜機銃の実用化を終えていたわけで、陸海での分散開発の弊害がはっきり出ている。

君の名は?

交戦中の日本軍機に対して、アメリカ軍がニックネームをつけていたのは有名な話だけど、1943年9月に初交戦した三式戦「飛燕」には「トニー」と名付けられた。これは飛燕がイタリア空軍のマッキC.202に酷似していたためで、イタリア人男性に多いアントニーの愛称「トニー」が、転じて飛燕に使われたとのこと。実際、飛燕がマッキのライセンス機と信じられていたという記録も残っている。ちなみにトニーには「(おしゃれだが)間抜け」という意味もあり、アメリカ軍から対処容易な戦闘機として認識されていた飛燕への皮肉も感じられる。余談であるが、実は連合国軍は当初、ドーリットル空襲の際に会敵した飛燕を日本でライセンス生産されたBf109と誤認しており、「マイク」というニックネームを与えていた。

【C.202】開発元のマッキ社の頭文字をとって、MC.202とも表記される、第二次世界大戦機のイタリアの戦闘機。愛称は稲妻の意を持つ「フォルゴーレ」。

C.202

飛燕の客観データ

空冷エンジンに比べて整備が難しいと言われる液冷エンジン。それを客観的に裏付けるデータが、明野および常陸の教導飛行師団における各戦闘機ごとの稼働率だ。１９４４年7月10日の時点で一式戦「隼」、二式戦「鍾馗」、四式戦「疾風」などが最低でも6割の稼働率を維持し、9割の部隊もあったのに対して、三式戦「飛燕」は5割に届くのが精一杯であった。これは飛燕の整備が難しく、後回しにされがちだった事情を反映しているわけだが、実態はどうであれ数字は冷酷である。

空対空特攻に賭ける

ただ、稼働率をうんぬんする以前に、陸軍の戦闘機では高度1万mを悠々と飛来してくるB-29の捕捉自体が困難で、実際、偵察型B-29のF-13を相手にした場合は、待ち伏せさえ回避されている。さらに、超空の要塞とも形容されるB-29は、多少の被弾などものともしない堅牢な造りをしていた。そこで帝都防空を担当する第十飛行師団がとった策が、武装や防弾装備などを外して徹底的に軽量化した機体を使って、B-29相手に空対

【教導飛行師団】 本土空襲が懸念されるに鑑み、明野陸軍飛行学校と明野陸軍飛行学校分校を改変し、人員の教育をしつつ実戦部隊として作戦できるようにしたのが明野陸軍教導師団と常陸陸軍教導師団。前者の実戦兵力はさらに飛行第１１１戦隊に、後者は飛行第１１２戦隊に改編される。

空特別攻撃、つまり空中体当たりをするというものだ。もっとも十死零生の敵艦艇体当たりとは違い、プロペラや主翼で敵バイタルを破壊後、パイロットは機外脱出すべしという理屈は用意されていたが、危険な体当たりを前提とする限り、五十歩百歩である。

B-29 vs 帝都防空隊

サイパンのB-29による東京初空襲は１９４４年11月24日のこと。小笠原からの通報を受けて高度１万１０００ｍで待機し

ていた十飛師麾下の体当たり攻撃機隊12機は、90機以上の敵編隊に果敢に挑んだが、空対空特攻はすべて失敗した。結局、この日の戦いで十飛師は5機のB-29を撃墜、9機に損傷を与えたとしたが、三式戦飛燕の戦果は飛行第２４４戦隊、第2中隊の鷲見忠夫曹長による1機だけ。しかも、この日のアメリカ側の記録では損害は墜落が2機のみである。

決死の空対空特攻

B-29への空対空特攻がついに成功したのは、同年12月3日のこと。第２４４戦隊の四宮徹中尉の飛燕が5機編隊の前直上５００ｍからダイブして右翼外側エンジンを破壊した。この様子は調布飛行場からも目撃されている。驚くべきは四宮中尉機が左翼を半壊した自機を操縦して生還したことだ。この日、第２４４戦隊では3機が体当たり攻撃に成功、生還するという戦果を挙げ、東久邇宮大将から空対空特攻隊は「震天隊」の名を授かった。もっとも、これが呪縛となり、部隊は全機特攻へと染まっていくのであるけれど。

【飛行第２４４戦隊】 関東方面の防空のため１９４１年7月に編成された飛行第１４４戦隊が１９４２年4月に改称したもの。ドーリットル空襲にも出撃した。そのハイライトは１９４４年11月に始まったマリアナを基地とするB-29の本土空襲で、調布を根拠に、時には浜松基地に進出して邀撃戦を展開した。

【四宮徹中尉】 陸軍航空士官学校第56期生。B-29の本土空襲にあたっては飛行第２４４戦隊の震天制空隊の隊長として戦い、文中にあるように自ら体当たりして生還した。その後、対艦特攻を志願し、第19振武隊隊長として１９４５年4月29日に沖縄方面で戦死した。

【震天隊】 第十飛行師団麾下の飛行戦隊内に編成された、空対空体当たり部隊の総称。

空対空特攻の収支

『帝都防空戦記』を著した原田良次氏の調査によれば、陸軍戦闘機部隊の本土防空戦における空対空特攻の成功例は62件あり、うち23件を飛燕が占めている。この中には2度の体当たりに成功した4名のパイロットも含まれていて、他の戦闘機と比べても生還率が高い。その理由は、飛燕が高々度における飛行性能が相対的に優れ、他の機体よりも操縦に余裕があったためと考えられる。もっとも、体当たり以前に撃墜された機体も相当あったはずで、見かけの数字より、ずっと犠牲が大きな作戦であったのは言うまでもない。

テストついでに撃墜してくる

1944年末から本格化するB-29の空襲に対して、飛燕一型では高高度性能が足りないので、実質的に体当たり攻撃しか対抗手段がなかった。そこで「ハ140」を搭載した三式戦二型の実用研究を司った多摩飛行場の航空審査部飛行実験隊は、試験の名目で防空出動して、B-29の邀撃に一定の戦果を出している。さすがに飛行実験隊への納

【航空審査部飛行実験隊】もともと日本陸軍機の飛行試験を行う部隊で、各機種には実戦部隊であれば戦隊長を務めるようなベテラン操縦者が専門につき、実用化までの熟成を行なった。

入機なので、エンジンの品質が最初から良かったとも言われるけれど、部隊からしてパイロットは教官レベルがそろい、戦意も抜群だったとのことなので無理もない。

民間部隊による迎撃

実戦配備前の三式戦二型を駆ったもう一つの部隊が「川崎防空戦闘隊」。ただし彼らは陸軍所属ではなく、各務原航空廠に詰めていた川崎航空機のテストパイロットの即席編成部隊。つまり民間人のボランティア部隊であった。彼らは飛燕二型を試験しつつ、名古屋方面に空襲があれば、実弾を積んで出撃したのである。１９４５年1月3日の出撃では重爆3機撃墜の戦果をあげて感状を賜るほどであったが、間もなくキ１００、すなわち五式戦への転換が急がれることになる。

飛燕設計者、土井武夫

航空産業に参入してまもなく、川崎ではドイツのドルニエ社からリヒャルト・フォークト技師を筆頭とする6人の技術陣を招聘して、陸海軍の航空機需要に応じる体制

【川崎防空戦闘隊】文中にあるように川崎航空機のテストパイロットによる民間戦闘組織。掛長(係長の意)であった片岡載三郎パイロットを隊長として、三式戦一型や二型でB-29邀撃に参加した。

を作った。彼らは１９２７年に八七式重爆を完成させ、八八式偵察機にも着手していたが、土井の入社はこのタイミングであり、彼はキャリアの最初から最高の航空設計陣のもとで実務を積めたのだ。土井の最初の仕事は、液冷エンジンＢＭＷ-６を装備したパラソル翼戦闘機のＫＤＡ-３であった。これは中島飛行機の九一式戦闘機に敗れたものの、貴重な経験となった。

ＫＤＡ-３の失敗は、同機を複葉機化したＫＤＡ-５で取り返す。優れた運動性が関係者に喜ばれて、陸軍に九二式戦闘機として制式化されたからだ。次いでフォークト技師は低翼単葉戦闘機のキ５の開発に着手したが、ドイツで再軍備が始まったために１９３３年に帰国してしまう。そこでキ５の設計は土井の手に引き継がれた。フォークト技師が帰国した翌年に完成したキ５は最高時速４１０㎞を記録して関係者を驚

【八七式重爆】 ドルニエワール飛行艇を参考に製作された全金属製単葉、国産重爆撃機の走り。実用性にやや難があったが、近代的な重爆撃機として九三式重爆撃機が登場したあともしばらく使用された。

【八八式偵察機】 川崎航空機が開発した実用性の高い初の偵察機と評価される機体。複葉形式で、のちに本機を改造した八八式軽爆撃機も作られた。

【九二式戦闘機】 川崎航空機による初の陸軍制式戦闘機。九一式戦闘機に比べ、速度や上昇力にも優れた格段に実用性が高い機体であった。

かせたが、小回りきかず格闘戦能力に乏しいとして不採用となる。なんか、このスピード狂ぶりには川崎らしさが見え隠れして面白い。

当時の陸軍が欲しかったのは、九二戦のような運動性に優れた機体、つまり格闘戦巧者だ。そこで土井は、同機の後継機競争試作では、複葉機型のキ10を設計し、見事に制式制定を勝ちとる。九五式戦闘機と名付けられたキ10は、複葉とは言っても、下翼の長さが上翼の半分しかない一葉半機であり、九二戦と同程度の運動性を保ちつつ、最高時速４００kmに達する名機となった。次いで翼面積を大きくして安定性を増した九五式戦闘機二型の開発にも成功したことで、土井は川崎航空機開発陣のエースとなったのである。

エンジン開発国の分布

三式戦「飛燕」開発の苦労から、液冷エンジンはやっかいという評価ばかりが先行しているけれど、イギリスのマーリン、ドイツのダイムラー・ベンツ、フランス（創業はスペイン）のイスパノ、ソ連のクリモフと、世界的に見れば航空機エンジンは液冷が主流であった。例外はアメリカで、液冷のアリソンと、空冷のプラット&ホイットニーがほぼ拮抗していた。これはアメリカ海軍機がもっぱら空冷エンジン機を採用していたた

九二式戦闘機

めだ。多少の被弾では壊れず、狭い空母の格納庫でも整備可能で、かつ発艦のような低空での高出力を必要とした海軍機には、空冷エンジンが適していたからである。

エンジンメーカーの勃興

翻って、日本の場合は空冷エンジン一色という感じ。三菱、中島、川崎、愛知の四大エンジンメーカーは、一応液冷の開発にも手をつけたが、中島が昭和初期に断念し、間もなく三菱も空冷星形エンジンの開発に全面移行した。川崎と愛知は細々とラインを残していたものの、経営上の理由から他社の空冷エンジンの転換生産を実施していたので、国産エンジンにおける空冷の割合は９割を超えていた。エンジンはその国の工業技術の頂点製品なので、裾野となるメーカーが育成できなかったことも、のちの量産化の足かせとなったのである。

「トニー」の評価

太平洋戦争中の日本では唯一の液冷エンジン戦闘機というバイアスからか、我々には高性能機であって欲しい願望が反映されがちな飛燕だが、連合軍側がどう評価していたかというと、これが実にふわふわしている。Ｐ-40ウォーホークと同等だが、二式単戦、すなわち鍾馗には劣るという微妙な評価が一般的であった一方で、飛燕二型はマーリン・エンジン搭載のＰ-51Ｂマスタングに匹敵するとの評価もあったからだ。実際にはハリケーンに似た飛行特性があり、パイロット次第でＰ-38程度の性能を引き出せるというのが、戦後アメリカでの結論となった。

高速戦闘機 キ60

三式戦「飛燕」を語る上で、土井武夫が手がけたキ60試作戦闘機を忘れてはいけない。これは「ハ40」エンジンを採用しつつ、キ61、すなわち飛燕と同時期に開発された試作機だ。キ60は主翼面積がキ61より2割も小さく、太い胴体に陸軍機初の20㎜機関砲を詰め込んだ高速戦闘機を目指した機体であった。最高時速５６０㎞、５０００ｍまでの上昇時間6分という優れた数字を叩きだし、太平洋戦争勃発を半年後に控えた１９４１年6月には、日本に持ち込まれたＢｆ１０９Ｅとの模擬空戦にも勝利している。

ところがキ44、つまり二式戦「鍾馗」との模擬格闘戦に敗れたことで、陸軍関係者はキ60への興味を失ってしまう。上昇力と速度に特化したキ60に格闘性能を求めても無意味であり、この性能を活かす用途を考えるのが用兵者であるべきなのだけど、格闘性能至上主義を最重要視していた当時の陸軍では、キ60の可能性に気づかなかったのだろう。結果として、軽戦闘機寄りの飛燕の開発に傾いて行くわけだから、ファンとしては痛しかゆしなのだけど、どこか釈然としない顛末ではある。

川崎重工の本気を見た

2015年から川崎重工で分解整備と復元事業が行われた三式戦二型は、ながらく知覧特攻平和会館に展示してあったもの。川崎重工が復元に携わることに際しては、

【知覧特攻平和会館】陸軍の飛行場があった知覧に建設された民間の慰霊施設。ここを飛び立った陸軍特攻隊員たちの遺影や遺書を展示するほか、四式戦闘機や三式戦闘機二型などの実機も収蔵されていた。

建物を一切壊さずに運び出さねばならないという難しい条件が課せられていたのだけど、そこは技術の川重。館内で機体を分解した上で、難関となる主翼の搬出については、移動しながら翼の角度を変更できる専門の治具を開発して臨み、見事に成功させたのだ。川崎の並々ならぬ決意と技術を見て、平和会館関係者も笑顔で飛燕を見送ったとのこと。

川崎重工の創立１２０周年記念の目玉として神戸ポートターミナルに展示された飛燕。初めて目にした方は、ジュラルミン地がむき出しになった目映い姿に驚かされただろう。これは飛燕の所有者である日本航空協会との取り決めで、同機の希少性に鑑み、資料調査を徹底させるための処置とのこと。部品の製造番号や取り付け方の順序など、塗装すると隠れてしまう部分の調査目的ということだ。川重としては塗装も完全再現したかったようだが、知覧の仮塗装状態よりは精悍な姿であったし、結果オーライだ。

復元と資料保存の狭間で

川崎重工および関連会社の技術の粋を凝らした三式戦闘機「飛燕」の復元プロジェ

クトだけど、同時に所有者である航空協会の調査研究も兼ねていた。これを象徴していたのが降着輪だ。このタイヤは戦後になってアメリカ製部品を流用して取り付けられたものであり、復元の対象となるべきであったが、ホイール周辺にオリジナル部品が残っている可能性を考慮して、あえて修復や交換をしないままとされたのだ。これを資料保存とみるか、いささか衒学的なこだわりと見るか、簡単には答えは出ないが、兵器復元の難しさが垣間見える部分である。ちなみに、同会場では地上走行で時速４００ｋｍという偉業を達成したＫａｗａｓａｋｉ最速のＮｉｎｊａ Ｈ２Ｒ／Ｈ２も展示されていたことで、70年の時を超えた新旧モンスターの共演なるという、粋な演出も心憎かった。

窮余の一策、五式戦闘機

機体設計はそのままに、空冷エンジンから液冷に替えても凡庸な機体にしかならなかったのがP-40ウォーホークだけど、逆の方法で傑作機が生まれたのがキ１００、すなわち五式戦闘機だ。「ハ40」の生産遅延により「首なし」の機体ばかりが積み上がっていた川崎岐阜工場の状態を見た土井技師は、１９４４年はじめには完成機の戦力化のため、三式戦「飛燕」の空冷エンジン化にを検討しはじめた。三式戦二型でこれが顕著となり、有効な実戦配備機を1機でも増やしたい陸軍航技研審査部の要求を受けて、キ１００の開発がスタートしたのだ。

思ったより簡単なエンジン換装

キ１００の開発に際して最大の懸念は、幅84ｃｍの三式戦の胴体に、直径１２１．８㎝の「ハ１１２」二型空冷エンジンをいかに取り付けるかであったが、これは輸入されていたフォッケウルフＦｗ１９０Ａのカウリング後縁の構造を参考にして、あっさりと解決できた。結局、三式戦「飛燕」からの改修箇所はエンジン周りと前部胴体のみの最小限で済み、１９４４年暮れには設計を終えて、翌年2月には試作機による飛行試験が実施されている。

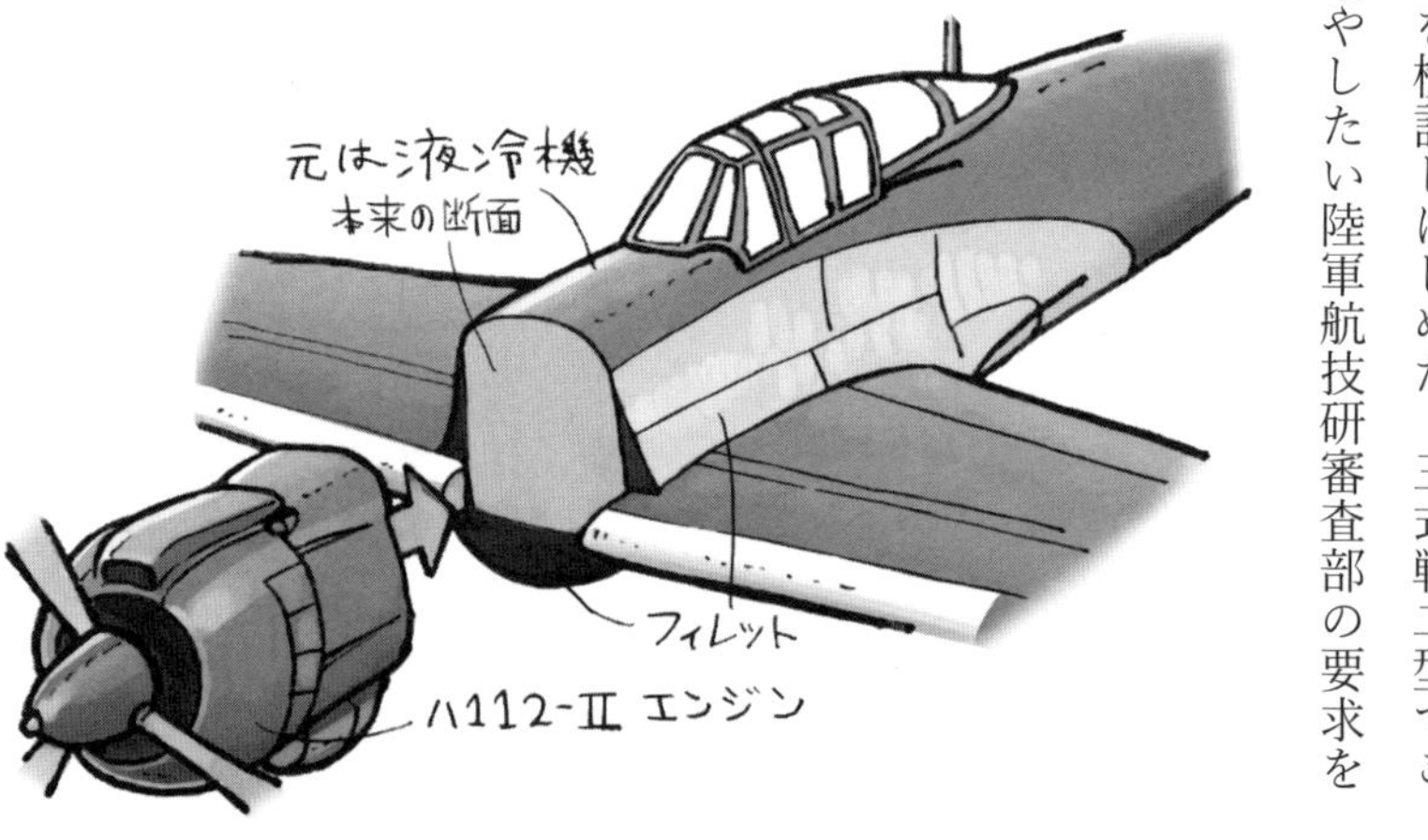

【ハ１１２】海軍名称金星62型エンジンの陸軍名で離昇出力は１５００馬力（公称出力１３５０馬力）。ほかにも百式司令部偵察機三型やキ１０２乙、彗星三三型に搭載された。

エンジン、機体の各々はすでに実績十分であり、基本的な試験は期待通りであった。

飛燕に引導を渡した五式戦

１９４５年2月末からの陸軍多摩飛行場におけるキ１００の試験は驚くべきものとなった。最高時速こそ三式戦二型に及ばなかったが、一型丁とは同等であり、なにより高度５０００ｍまでの上昇力では二型に匹敵、すでに傑作として知れた四式戦「疾風」を上回ったからだ。Ｂ-29による本土空襲に悩まされている現状、この上昇力は迎撃戦闘の心強い切り札となる。加えて、操縦、整備とも飛燕より格段に容易で、稼働率の維持を考えれば、五式戦にまさる選択

飛行第59戦隊の五式戦一型甲。のちに、キャノピー後方の胴体を新造設計し、後方視界性を高めた五式戦一型乙も生産された。

【陸軍多摩飛行場】 現在、在日アメリカ軍が横田基地として使用しているもので、当時は福生飛行場の愛称で親しまれたが、多摩飛行場が正式な名前。

肢はない。ここに飛燕は役割を終えたのであった。

遅すぎた五式戦

飛燕と比較して五式戦のなにが優れていたかというと、ただただ重量。冷却器の撤去により３３０kg減、さらに「ハ１４０」搭載を前提としたバランス用の尾部ウエイトも撤去できる上に、機首も短くなって、空力特性がシンプルになるなど、いいことづくめ。液冷エンジンのしがらみをほどいて身軽になったと言えばそのとおりだが、液冷エンジン研究の蓄積があれば、そもそも五式戦は必要なかったのだけど……。こうして五式戦は2月中に量産化が決定され、岐阜工場において組み立て作業が始まった。最終な五式戦の生産機数は、諸説あるが４００機弱に達する。

知ってると得する飛行機トリビア

10

ちょこっと小話

高く付きすぎる安全祈願

どんなに飛行機に乗り付けている人でも、無事に飛行して欲しいという願いは同じ。ただし、それが過ぎて大事件になるというのが、2018年6月27日の上海浦東国際空港で起きた事故。この日、搭乗するために飛行機に近づいていた1人の女性が小銭ひとつかみをエンジンに向かって投げ込んだため、フライトが5時間も遅れ、女性は逮捕された。この80歳の老婆は「飛行の安全を祈るため」と警察に説明したそうだけど、点検したエンジンから発見されたのは28円相当の小銭だったという。結果として分解点検されたのだから、ご利益はあった……わけないか。

知ってると得する飛行機トリビア

11

ちょこっと小話

キャノピーとウインドシールドの違い

まず初期の飛行機は操縦席から外の部分は剥き出しで保護されていなかった。しかし速度が増すと顔に当たる風が操縦を妨げるため、まずパイロットの顔の正面にガラス製の衝立状の風よけが設けられた。これが風防（ウインドシールド）だ。やがて高度が上がると、今度は冷たい外気の流入を防ぐために操縦席全体をプレキシガラスなどの透明な箱で覆うようになる。これが天蓋（キャノピー）と呼ばれるもの。この違いを理解しておくと、パイロットの体験談などがわかりやすくなる。

帝都爆撃の日独比較

連合軍による東京とベルリンの爆撃内容を詳細に比較した興味深い研究がある。まずいきなりだけど、投下する爆弾の種類や構成がまったく違う。ベルリンの場合は半分が焼夷弾で残りが高性能爆弾、破片爆弾といった特殊な爆弾。対して東京には97パーセントが焼夷弾である。石造りの町と、「木と紙」の日本家屋という、都市構造の違いを反映しているのだ。ベルリンを夜間空襲したのはイギリス空軍だが、3万4000tもの爆弾を投下したものの、損害が多くて中断された。先に音を上げたのはイギリスで、簡単に言えば、ベルリン空襲は失敗であったのだ。

対して東京には1万tしか爆弾を投下していない。それでいて6度の空襲で東京主要部は焼尽し、米軍は目的達成として終了した。不愉快な数字であるが、投下した爆弾1t当たりの死傷者を見ると、ベルリンでは0.3人/t、対して東京は8.5人に跳ね上がる。家屋損害についても歴然で、ベルリンが4.44棟/tに対して東京は67.2棟。ベルリンは石造りの上に、道路が広くて意図的な防火地帯もあった。東京の場合、なけなしの防火帯も廃材の撤去が十分ではなく、大火災に容易に突破されたケースが多い。当時の東京は、主要国の首都の中でも突出して空襲に弱かったのである。

【ベルリン空襲】 1940年から終戦まで継続的に、計363回行なわれた、連合軍爆撃機によるドイツの首都ベルリンを目標とした空襲。

陸軍の戦時防空体制

帝都防空戦の死命を制するのは夜間爆撃の攻防であった。この点、海軍夜間戦闘機の奮闘はよく話になるけど、陸軍航空部隊は？　帝都空襲の脅威がデータ面で明らかになっていた１９４３年夏の時点で、二式複戦「屠龍」を装備した夜間専任の戦闘隊は飛行第４戦隊と第53戦隊だけであった。さらに夜間に限定しない部隊として飛行第５戦隊を加えても１００機内外の戦力でしかない。それならば追って戦力を増強されたかと言えば、１９４４年以降はマリアナ、フィリピン、沖縄と各地で「決戦」が頻発して、その都度戦力が引き抜かれ、本土防空準備は停滞していた。

ただ、陸軍では熟練パイロットであれば単座戦闘機でも夜間戦闘をこなせるという立場を取っていたので、本土で戦力再建中や新編成された他の戦闘機部隊も夜間迎撃の戦力として計算できた。これなら名目上は防空戦力を倍にすることができる。だが、これは現場の疲労や稼働率を無視した幽霊のような戦力に過ぎない。そもそもベテラン搭乗員は前線での激しい消耗で払底しており、夜間戦闘に従事できる技量の操縦者は数が少なかった。こういう数字の操作で戦力の水増しをしなければならないあたりに、約束された敗北に突き進む官僚組織の悲哀がにじみ出ている。

【飛行第４戦隊】　陸軍航空部隊の老舗である飛行第４連隊を１９３８年８月に改称したもの。中国奥地からB-29が北九州方面を空襲するようになると二式複座戦闘機をもって邀撃戦を展開した。

【飛行第53戦隊】　飛行第４戦隊とともに二式複座戦闘機をもって本土防空戦に参加した部隊。マリアナからのB-29の本土空襲が始まると、第10飛行師団の命令により53戦隊も震天制空隊を編成して体当たり攻撃を実施している。

二式複座戦闘機「屠龍」

散々だった夜間迎撃

実際、単座戦闘機戦隊の夜戦転用は、惨憺たる結果に終わっている。北九州の実例であるが、１９４４年８月20日に八幡地区の夜間空襲に飛来したB-29に対して、飛行第52戦隊の四式戦闘機「疾風」15機のうち８機が夜間戦闘可能として出撃、福岡北方の高度７０００ｍで会敵し、B-29を２機撃墜した記録を残している。しかし同日の敵空襲第２波に出動した疾風６機のうち３機が会敵に失敗したうえ墜落。しかも犠牲者には戦隊長の内徳隆幸少佐と、飛行隊長の粟根逸夫大尉が含まれていた。適切な夜戦装備がない単座戦闘機の迎撃出動がいかに危険で負担が大きなものであるかが察せられる。

首都防空のエトセトラ

日本本土に配備された鍾馗はB-29の迎撃戦闘に引っ張りだこになった。特に首都防空ではまさに切り札であったわけだけど、実に困難な任務であった。それを理解するにはまずB-29の爆撃の特性を理解しなければならない。日本に飛来するB-29の基本コースは爆撃目標に西から入り東へ抜けていくというもの。これは投下した爆弾がジェット気流にもろに振り回されるためだ。例外なく強烈な西風となっているジェット気流は、上空ほど早く、平均して時速１００㎞程度、冬は時速３００㎞を超える日も。B-29が1万mから投下した爆弾は約１００秒後に地表に到達するので、投下した爆弾はかなりの距離を風で流される。

さらに投下した爆弾には、B-29自体の飛行速度が慣性として加えられるので、投下地点と落下地点の距離はいっそう大きくずれてしまう。一説には、高度1万mで飛ぶB-29が、三鷹上空で投下した爆弾が都内に落ちたとも言われている。これが正しければ、三鷹～新宿間がだいたい12㎞くらいなので、その内側にB-29に入られてしまったら、迎撃自体が無意味にな

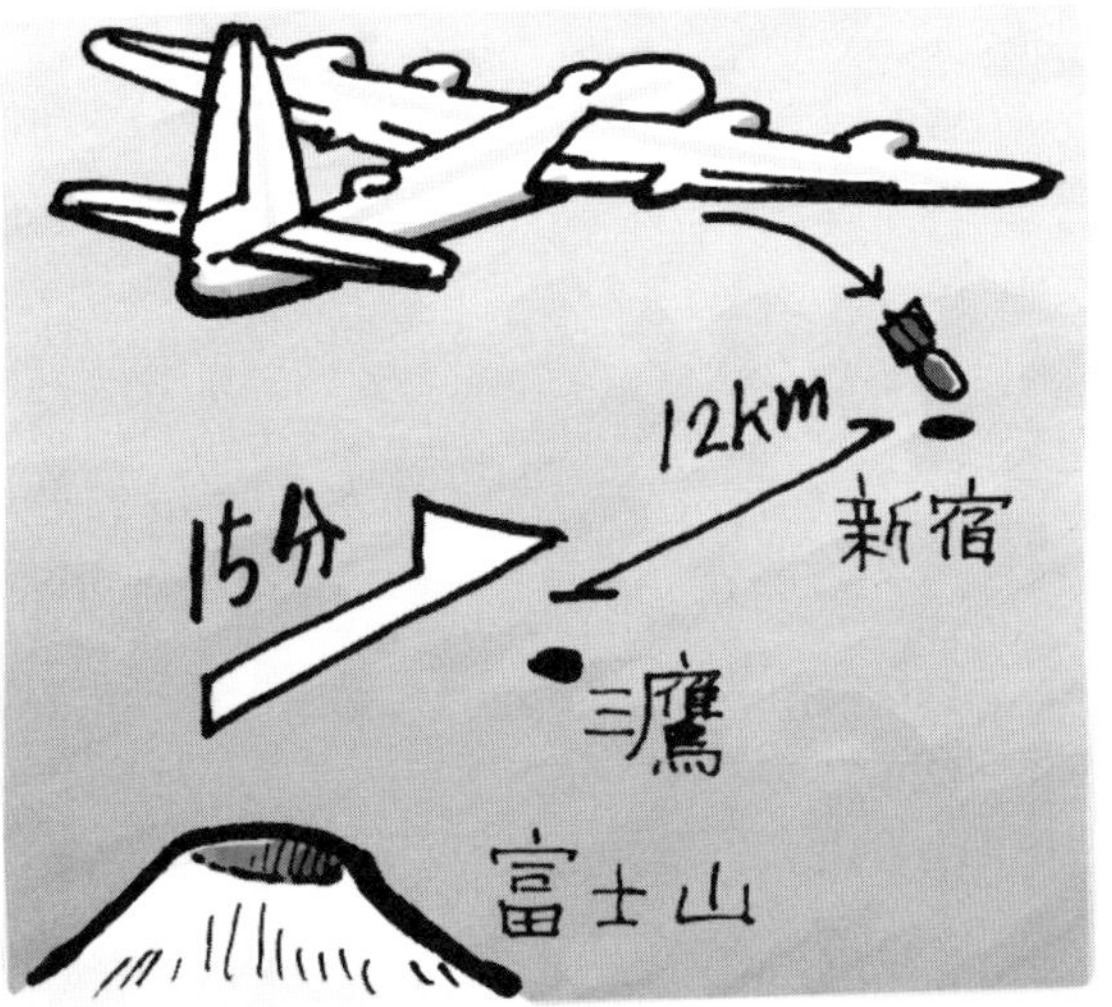

【ジェット気流】 いわゆる偏西風のこと。天気予報でも使われている言葉だが、実は以前から局部的に知られていたこの存在が広く知られるようになったのは第二次世界大戦になって航空機が高度1万m以上を飛ぶようになってからなので、意外と歴史が浅い。

富士山上空を飛ぶB-29

ってしまう。現実的には首都空襲に飛来したB-29を八王子上空付近で迎撃できなければ、迎撃任務は失敗同然。ところが巡航速度時速４５０kmのB-29なら、静岡の富士市上空で確認された15分後には三鷹上空に到達してしまう。朝の連続テレビ小説を楽しむ余裕もない時間といえる。

生死を賭けたフェイントの読み合い

もっともB-29は硫黄島方面から伊豆諸島をたどるように飛来して、八丈島付近で西向きなら関西、東向きなら関東方面への爆撃ルートをとる傾向にあった。ここまで分かれば、あらかじめ鍾馗などの迎撃戦闘機を飛ばしておけばよい。鍾馗は5分以内に５０００mにとどく上昇力があるので、充分に迎撃高度には到達できる。ただし、これを知っているB-29は伊豆半島上空でいきなり関西方面に向きを変えたり、その逆をしてフェイントをかけてくることも多かった。鍾馗の飛行時間はせいぜい2時間。この欺瞞に引っかかった場合、迎撃を中断して帰還するほかない。このように、せっかく上空で待機させた迎撃機が敵機と会敵せずに帰ってくるという事は、頻繁に発生していたのであった。

二式戦闘機「鍾馗」

敵はB-29だけでない

日本軍のレーダーの問題もあった。海岸線の要所に配置されたレーダーはほぼ確実にB-29をキャッチするものの、機影が内陸に入ると追跡できなくなる。したがって迎撃に鍾馗を上げても、これがB-29編隊と遭遇できるかどうかは運任せというのが実態であった。１９４５年2月にはアメリカ空母機動部隊が本土付近まで進出して艦載機による空襲を実施。勇躍、迎撃に飛び立った基地航空隊は相応の戦果を上げつつも大損害を受けた。これに対して大本営は「以後、敵艦載機はやり過ごし、B-29だけを迎撃すべし」と命令したけど、これは間もなく机上の空論であることが判明する。

なぜなら3月に硫黄島がアメリカ軍の手に落ちて、同島飛行場にP-51Dが進出すると、4月7日以降、B-29の爆撃にはこのP-51Dが護衛として随伴するようになるからだ。結局、迎撃戦闘機の上昇時間を短縮し、敵戦闘機を振り切りながらB-29に有効な打撃を与えるには、武装を下ろして軽量高速化した戦闘機による体当たりしかないという結論になってしまう。「日本本土防空で活躍した」的な文脈で称賛される鍾馗だが、その迎撃任務の実態は、前線将兵の身を削る努力によってどうにか形になっていたものであった。

【1945年2月の空襲】硫黄島攻略を企図するアメリカ軍が、日本側の増援航空兵力を撃攘しようと１９４５年2月16日と17日、さらに25日に空母機動部隊をもって東日本空襲が行われた。日本側もこの接近を察知しており、陸海軍の戦闘機隊は全力で迎え撃ち、日米双方に大きな損害が発生している。

知ってると得する飛行機トリビア

12

ちょこっと小話

キャラクター塗装の歴史

すっかりお馴染みとなった大型ジェット機のキャラクター塗装であるが、実は世界で初めてキャラクターをジャンボジェットに描いたのはANAであった。1993年に全国の中学生以下の子供を対象にデザインを公募し、2万通の候補から選ばれたクジラのデザインが「マリンジャンボ」として日本中で人気を博したのである。この塗装機は1995年に引退したが、以降も「スヌーピー」や「日本の風景」といった特別塗装が乗客を楽しませ、1998年には真打ちの「ポケモンジャンボ」が登場。人気を反映して、リペイントとデザイン変更を重ねながら2016年まで運行されていた。

索引

時にはパブで語られるギネスブックの小話のように
重箱の隅をつつくような航空雑学のおもしろさ

ギネス世界一、ギネスブックというのは、イギリス名物のパブ（日本で言うと大衆居酒屋ですかな）に集う人々に楽しんでいただけるような共通の話題を提供しようと、ギネスビールが主催している企画だ。

そういった意味で、最初から「古今東西の飛行機」を公用語として会話することのできる飛行機マニアは幸せなのかもしれない。

気のおけない飛行機マニア同士の会話でもっとも面白いのは「へーっ、それって聞いた事はあったけど、そんな伏線があったのねー」と、それまでに身につけた自分の知識を基本にしつつ、その奥へ奥へと誘うことのできるネタを共有しあえること。実はこれは、一方だけが偏った知識を持っていてもキャッチボールが成り立たない、ちょっと高度なコミュニケーション法なのだ（皆さん無意識にやってらっしゃいますが）。

この本の著者である宮永氏の航空雑学もちょうどそれと同じで、自分だけが知っているような全くマイナーなネタを得意気になって羅列するのではなく、まずは飛行機マニアやモデラーたちの誰もが知っている一般的な小ネタをフックにして、そこから一歩突っ込み、「えっ!?」と思わせる内容で知識の奥行きや幅を広げてくれる。そこにはもちろん、ただまっすぐに事物について掘り進むだけでなく、興味を引きつける独自の見方や解釈も必要だ。

　今回は飛行機模型専門雑誌『隔月刊スケールアヴィエーション』の特集に合わせて誌面に添えられた数々のエピソードの中から、我らが日本陸海軍の飛行機や組織についてを抜き出してまとめたものであるが、零戦や「隼」など誰もが知りながら、じつはしっかりとしたディテールについてはうろ覚えのでは？　という切り口で興味を引きつつ、時に実像を織り交ぜ、時にこうした考えは成り立たないか？　といった新たな解釈を示すような小ネタが満載である。

　初めから順序よく読み進めていくもよし、パッと開いて目に飛び込んできたページから読むもよし。一人酒のつまみに、またマニア同士での共通の話題になること間違いなしの1冊である。

吉野泰貴（よしのやすたか）
1972年、千葉県生まれ。サラリーマンとして一般企業に勤めつつ、ライフワークとして郷土に関係の深い海軍航空部隊の研究をしている。飛行機関連の著書に『流星戦記』『海軍戦闘第八一二飛行隊』『潜水空母伊号第十四潜水艦』（いずれも大日本絵画刊）など。

あとがき

模型雑誌『隔月刊スケールアヴィエーション』の欄外コラムを引き受けた日のことは、よく覚えています。２０１３年7月某日、観光で訪れていた岡山県倉敷市のイオンモールで、宮崎駿監督の『風立ちぬ』を観賞した帰り道、〈スケビ〉の石塚編集長から受けた電話が、この欄外コラム、それも『風立ちぬ』に登場する機体について……というオーダーだったからです。

〈スケビ〉は飛行機模型雑誌ですが、技法や技術の指南書というよりは、モデラーの作例を通じて、飛行機というモノをいかに格好良く見せられるか、そんな模型のビジュアルにこだわり抜いた雑誌であると、私は理解しています。作例にかけるモデラーの情熱と、その情熱を裏切らない、作例のビジュアル面の魅力を最大限引き出そうとする編集部の姿勢が相まって、毎号、見事なグラビアが誕生するわけです。

ただ、そこまでハイカロリーな誌面が続くと、やはり読者は圧倒されっぱなしで疲れてしまうかも知れない。だから気軽につまめる記事も欲しいんです。石塚編集長の意図はそんなところにあったようですね。まぁ、たまの打ち合わせの雑談混じりに、軍用機のあれこれをガンダムに登場するモビルスーツにかこつける駄話が、妙に受けたからというのもあったみたいですが……。モデラーならぬ自分としては、飛行機の向こう側にある思想や人々の記憶みたいなものを、どこかに残していきたいという願望は常々あり、それが〈スケビ〉の欄外コラムに住処を見つけることができたの